KB268798

오케이!
가족 캠핑

가족과 떠나는 캠퍼들을 위한 꼼꼼 가이드

안영숙 • 이수진 지음

위즈덤스타일

이 책을 읽는 독자들에게

쉽고 재미있는 캠핑 길잡이가 되길 바라며!

여름이었다. 그해 여름도 유난히 무더웠다. 우연히 지인을 따라 함께 캠핑을 가게 되었고, 그 하룻밤 사이 캠핑에 매료되었다. 그 후 홀린 듯이 캠핑 장비를 사들였고, 미친 듯이 캠핑을 다녔다. 그렇게 5년이 흘렀다.

그 사이 우리는 많은 것을 경험했다. 텐트 안에서 듣는 빗소리도 경험해 보았고, 화롯가에 앉아 좋은 사람들과 와인을 마시며 밤하늘의 별도 보았다. 날씨 확인도 하지 않은 채 떠난 캠핑에서는 배수로 확인을 하지 않아 물침대를 경험했고, 폭우 속에 텐트도 걷어보았다. 이른 아침 쌀쌀함 속에 담요를 두르고 앉아 마시는 커피 한 잔도 잊을 수 없다. 이러한 좌충우돌의 경험들 속에서 우리에겐 꽤 많은 변화들이 일어났다.

무엇보다 자연을 경험하면서 아이들이 많이 바뀌었다. 시간은 좀 걸렸지만 게임기 없이 스스로 노는 방법을 터득했다. 깔끔 떨며 까칠하게 굴던 녀석들이 산으로, 들로 뛰어다녔고, 화롯불을 피우기 위해 잔가지를 주우러 쫓아다녔다. 골프에 빠진 남편을 가족 안으로 끌어들였고, 회사에서 일을 하는 주말에도 구두를 신고 캠핑장으로 퇴근하게 만들었다. 캠핑장을 오가는 차 안에서 남편과 캠핑 장비에 대해 토론을 하게 되면서, 함께 공유할 수 있는 것들이 생겨났다. 결국 이 모든 변화는 온 가족이 함께 즐기는 캠핑에서 비롯되었다.

이런 시간들을 지나면서 우리는 드디어 우리의 캠핑을 돌아보는 여유를 갖게 되었다. 캠핑을 처음 시작할 무렵, 우리는 캠핑에 대해 전혀 무지한 상태였다. 심지어 장비의 이름조차 제대로 알지 못했다. 막막했고, 누군가 속 시원히 캠핑에 대해 처음부터 끝까지 이야기를 들려주었으면 했다. 인터넷으로 정보를 찾고, 캠핑을 먼저 시작한 선배에게 조언을 구하고, 여러 가지 캠핑 서적들을 뒤적였다. 하지만 우리가 알고 싶고, 우리가 원하는 정보는 언제나 부족했고, 시중에 나와 있는 캠핑 서적들은 초보였던 우리에게는 이해하기 어려웠고, 무엇보다 친절하지 않았다.

그래서 우리는 우리가 겪었던 좌충우돌 캠핑 이야기를 들려주기로 했다. 캠핑을 처음 시작하는 사람들에게, 우리처럼 캠핑을 하고 싶은데 아무것도 몰라 막막해 하는 사람들에게, 그리고 캠핑 장비를 보다 알뜰히 구입할 여성들까지 포함해 무엇보다 재미있고, 쉬운 캠핑이야기를 하고 싶었다. 물론 우리는 캠핑에 대해 모든 것을 안다고 할 수 없다. 지금도 캠핑을 경험해가고 있기 때문이다. 다만 우리가 겪어온 경험들을 바탕으로 우리가 알고 있는 모든 것을 함께 공유하려고 애썼다. 이제 캠핑을 시작하는 사람들에게 우리의 이야기가 자신만의 캠핑을 완성해가는 데 조금이라도 도움이 되었으면 하는 바람으로 말이다.

캠핑의 모든 것은 장비라고 해도 과언이 아니다. 캠핑을 시작하고 우리는 처음 구입했던 장비를 모두 갈아치웠다. 아무리 정보가 많아도 직접 써보지 않으면 나에게 맞는 캠핑 장비를 찾기 어렵다. 그래서 이 책에서는 시중에 나와 있는 캠핑 장비들을 우리의 시행착오들을 참고하여 비교해 보았다. 우리가 겪은 시행착오들이 캠퍼들에게는 조금이라도 도움이 되기를 바라면서.

캠핑 시작 후 2~3년은 장비 섭렵 기간이라고 할 수 있다. 직접 장비를 써보는 것. 그러면서 하나하나 장비를 알아가는 것. 캠핑 경력이 쌓일수록 자연스럽게 자신에게 맞는 캠핑 스타일을 알아내고 구비하게 된다. 그러므로 캠핑 장비는 처음에는 저렴하고 실용적인 것으로 우선 구비하는 것이 가장 현명하다. 이 책에서 우리가 추천하고 고른 장비들은 그런 의미에서 우리의 취향일 수 있음도 미리 밝혀둔다.

캠핑 장비를 섭렵하다보면 캠핑 요리에도 관심을 가지게 된다. 야외에서는 불 사용이 자유롭기 때문에 캠핑 요리 장비들도 참 매력적이다. 번거롭지 않고 간단하게 해결하는 것도 물론 좋지만, 가족끼리 맛있는 요리로 캠핑을 즐기는 일은 캠핑의 즐거움을 더해준다. 어차피 할 요리라면 캠핑장에서도 조금 더 맛있게 즐겨보자는 생각을 했다. 이 책의 레시피들은 모두 그런 의미에서 선택한 것이다. 캠핑을 다니다 보니 캠핑 요리도 결국은 집에서 즐기는 맛있는 요리들을 조금의 밑손질과 밑준비만 하면 캠핑장에서도 간단히 즐길 수 있다는 것을 알게 되었다. 또한 캠핑장에서 주로 해먹는 요리를 집에서도 즐기게 되었다. 더치오븐 요리는 집으로 초대한 손님 대접에 더할 나위 없이 좋았다. 이런 경험들을 바탕으로 이 책의 레시피들이 완성되었다. 이 레시피를 참고해서 나에게 맞는, 나만의 캠핑 레시피를 찾아내는 것도 캠핑이 주는 또 하나의 즐거움이 아닐까.

지난 5년, 우리의 캠핑을 돌아보니 모두 소중한 추억이다. 이제 콘도나 펜션에서 보내는 여행은 뭔가 심심할 정도가 되었다. 앞으로 경험할 우리의 캠핑이 다시 기대가 된다. 이 책을 읽고 캠핑을 준비하는 모든 사람들의 마음이 우리처럼 설레길 기대한다.

C O N T E N T S

이 책을 읽는 독자들에게
쉽고 재미있는 캠핑 길잡이가 되길 바라며! 4

1장. **캠핑장비** 어렵지 않아요!

한눈에 보는 우리 가족 캠핑장 14
알아두면 좋은 캠핑용어들 16

캠핑장의 우리 집 **텐트** 17
그늘 울창한 우리 집 마당 **타프** 23
캠핑에 멋스러움을 더하다 **테이블과 의자** 28
아늑한 우리 집 침실 **침낭&매트리스** 34
자연을 밝히는 은은한 불빛 **랜턴** 41
주방의 든든한 지킴이 **스토브** 50
깔끔한 주방을 책임지는 정리정돈의 귀재 **키친테이블** 56
조리 용기의 어메이징한 부피 줄이기 **코펠** 61
건강과 편리함을 챙겨라 **식기 & 조리 도구** 65
캠핑 요리의 매직 셰프, **더치 오븐** & 재주 많은 만능 프라이팬, **스킬렛** 70
바비큐의 즐거움 **그릴** 78
있으면 더 좋은 다양한 액세서리들 **다용도 칼, 손도끼, 카라비너, 팩 케이스 등** 84

실전, 장비 섭렵기 87

2장. 오토캠핑을 떠나봅시다!

떠나기 전, 무엇을 어떻게 준비할까요? 96
어디로 갈까요? / 무엇을 가져갈까요? / 캠핑장에선 무엇을 먹을까요? / 캠핑사이트 꾸리기

실전! 우리 집 캠핑일기 : 돌을 맞이한 둘째와의 특별한 캠핑 106

여자들 캠핑을 디자인하다 : 두 여자의 캠핑기 120

남편의 솔로 캠핑일기 : 바람이여 고마웠네 129

클린 & 에코 캠핑 147

CAMPING!

3장. 도란도란 **캠핑요리** 즐겨봐요!

한눈에 보는 우리 캠핑장 부엌 152

여러 가지 조리 기구

더치오븐 쇠고기 샤브샤브와 월남쌈 157 / 돼지고기 수육 159 / 동파육 161 / 로스트치킨 163
카레치킨가라아게 165 / 토마토소스 도다리홍합찜 167 / 단호박영양밥 168 / 백숙과 닭칼국수 169

스킬렛 쌀국수 쇠고기 감자조림 171 | 연어스테이크 173 / 고기채소볶음 175 / 두부카나페 177
굴감자전 179 / 팟타이 181

그릴 토마토갈릭 등심스테이크 183 / 간장생강소스 백립구이 185 / 새우버터구이 187
도미레몬구이 189 / 통삼겹 쌈장 바비큐 190 / 샤슬릭 191

오븐 불고기치즈샌드위치 193 / 고르곤졸라 피자 195 / 퀘사디아 197

철판 닭갈비 199 / 수제햄버거 201 / 베이컨 떡말이 202 / 비엔나소시지볶음 203

마이크로오벌 포크 아도보 205 / 피시 앤 칩스 207

마이크로캡슐 오징어순대 209

토스터기 가래떡구이 211

캠핑 한상차림

매일 먹는 밥상차림 굴무밥 215 / 콩나물밥 216 / 표고버섯영양밥 217 / 도토리묵밥 218
새싹날치알밥 219 / 개조개 미역국 220 / 굴무국 221 / 도다리쑥국 222 / 감자국 223

두루두루 같이 즐겨요 어묵탕 225 / 동태탕 226 / 부대찌개 227 / 골뱅이소면무침 228 / 해물파전 229

하나로 때우자 연어초밥 231 / 낫또 오니기리 232 / 오차즈케 233 / 까르보나라 234
갈쌈국수 235 / 얼큰 황태수제비 236 / 새싹비빔국수 237

힘을 주는 고기요리 햄버거스테이크 239 / 버섯불고기 240 / 생강소스 돼지고기구이 241

아이들이 좋아라 고르곤졸라치즈 와플 243 / 핫도그 244 / 떡꼬치 245 / 라볶이 246
오믈렛 247 / 볼로냐 스파게티 248 / 강된장 참치쌈밥 249 / 날치알 계란말이 250
날치알 깻잎쌈밥 251 / 두 가지 삼각김밥 252 / 불고기 꼬마김밥 253 / 햄초밥 253
햄에그샌드위치 / 호밀빵참치샌드위치 254 / 단호박견과류샌드위치 / 바게트샌드위치 255

4장. **캠핑장** 어디가 좋을까요?

가평 자라섬 오토캠핑장 258 / 남해 보물섬 캠핑장 261 / 동해 망상오토캠핑장 264
영월 솔밭 오토캠핑장 267 / 충주 밤별캠핑장 270 / 춘천 중도캠핑장 273
경기 파주 반디캠핑장 276 / 강원 고성 송지호 오토캠핑장 278 / 경기 포천 유식물원 캠핑장 278
경기 화성 해솔마을 279 / 경남 고성 상족암 오토캠핑장 279 / 충남 서천 희리산 자연휴양림 280
충남 태안 몽산포 오토캠핑장 281 / 전북 무주 덕유대야영장 281
전북 장수 방화동가족휴양촌 282 / 전남 해남 땅끝 오토캠핑 리조트 282

CAMPING!

1장. 캠핑장비 어렵지 않아요!

한눈에 보는 우리 가족 캠핑장

알아두면 좋은 캠핑용어들

텐트 | 타프 | 테이블과 의자 | 침낭&매트리스 | 랜턴 | 스토브 | 키친테이블 | 코펠
식기 & 조리 도구 | 더치 오븐 & 스킬렛 | 그릴 | 다용도 칼, 손도끼, 카라비너, 팩 케이스 등

실전, 장비 섭렵기

한눈에 보는 우리 가족 캠핑장

C A M P I N G

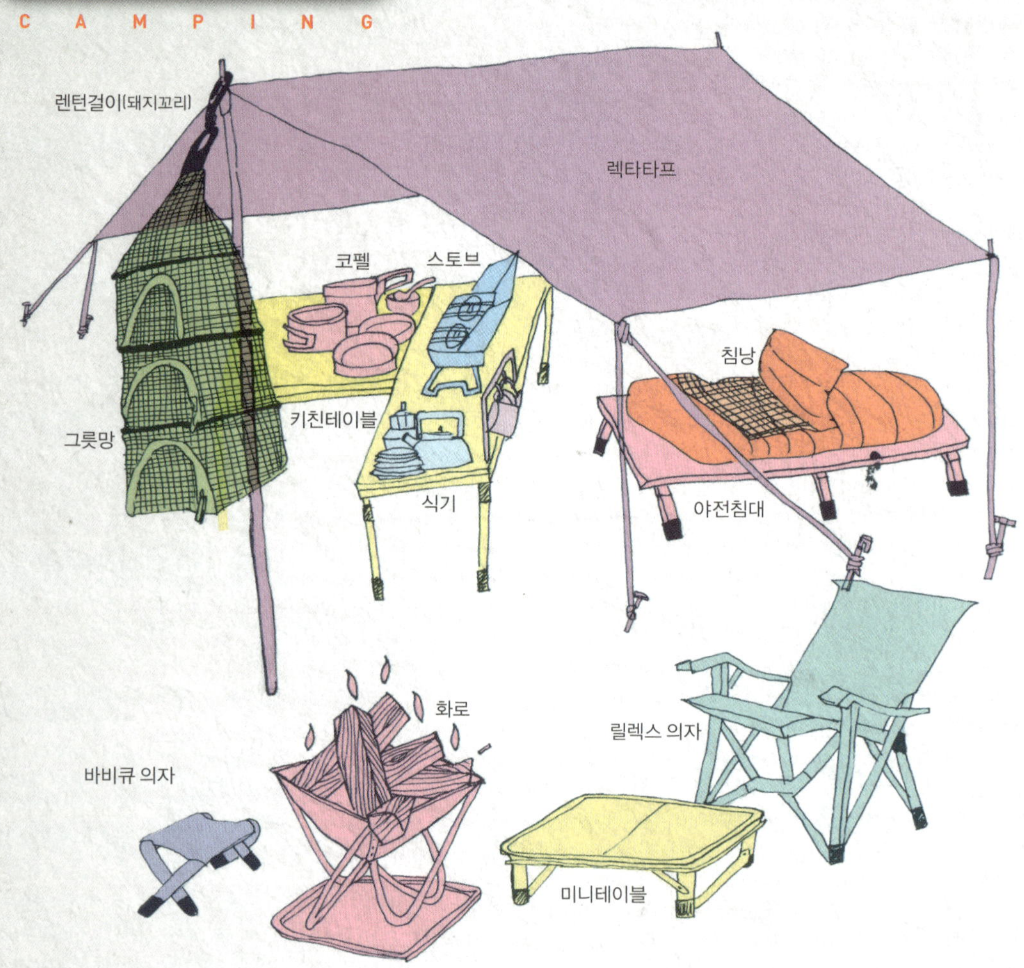

텐트 캠핑장 우리 집. 캠핑 장비 가운데 가장 먼저 준비해야 할 장비 | **타프** 그늘과 비를 막아줄 캠핑장의 거실. 캠핑 시 가장 많은 시간을 보내는 공간 | **테이블** 맛있는 식사, 우아한 티타임, 혹은 가족, 이웃과의 수다. 모든 것이 테이블 위에서, 테이블을 사이에 두고 이루어진다. 그러므로 꼭 마음에 드는 것으로 고르자 | **의자** 텐트에서 잠자는 것을 제외하면, 모든 생활이 의자 중심. 함께 가는 캠핑에서 내 의자는 챙겨 가야 민폐가 아니라는 걸 명심하자. 의자 수납의 최고봉은 역시 사방접이식 | **릴렉스 의자** 캠핑장에서 여유를 즐기는 가장 좋은 방법. 그것은 릴렉스 의자에 온몸을 맡기는 것. 1~2개면 충분하다 | **바비큐 의자** 화로 옆에는 높낮이가 적당한 바비큐 의자가 안성맞춤 | **키친테이블** 캠핑장의 주방. 스토브, 코펠, 식기, 조리도구, 식재료를 놓아두는 우리 집 부엌 | **미니테이블** 작은 사이즈의 테이블. 커피도구 등을 놓고 화로 곁에 두고 사용하기 편하다. 미니테이블 두 개가 큰 테이블 하나보다 낫다 | **스토브** 식사 준비를 위해 빠질 수 없는 장비. 가스를 사용하는 것도 있고 휘발유를 사용하는 것도 있다 | **코펠** 포개어지는 냄비. 크기별 냄비의 부피를 확 줄여준 고마운 수납. 잘 고른 코펠 한 세트면 10년은 거뜬 | **식기** 크기별, 종류별로 구비된 캠핑장의 그릇들. 우리 가족 캠핑 스타일에 따라 준비하자 | **그릇망** 캠핑장에서도 물기 쫙 뺀 뽀송뽀송한 그릇

을 쓰고 싶다면, 추천한다. 햇빛에 걸어두기만 하면 끝 | **랜턴** 사이트를 밝혀주는 캠핑장의 불빛. 가능한 자연을 닮은 은은한 불빛이면 더 좋겠다. 물론 밝기도 고려해야 한다. 큰 것 하나와 작은 것 하나가 기본 | **랜턴걸이** 랜턴을 걸어두는 장비. 처음엔 돼지꼬리로 타프폴에, 더 필요하면 삼각대와 파일드라이브로 | **화로** 낭만용으로, 조리용으로, 난방용으로 용도 다양한 장비. 손때 묻혀 물려주어도 멋있는 장비. 욕심 부려 큰 것으로 구입하면 장작 감당하기 힘들다 | **릴선** 이동식 전선. 캠핑장에서 전기를 사용할 때 전기를 끌어오는 장비. 캠핑장에선 배전판이 멀리 위치해 있다 | **침낭** 캠핑장의 이불. 난방이 되지 않는 텐트에서 잠을 자려면 꼭 필요한 장비. 부피 작고, 무게 가볍고, 보온성 좋은 것으로 구입하는 것이 관건. 숙면을 취하고 싶다면 침낭에 아낌없이 투자하라 | **매트리스** 잠자리를 편하게. 얇은 텐트 바닥 위에 깔면 한층 편안한 잠자리가 된다 | **야전침대** 캠핑장의 잠자리는 바닥 한기와의 싸움. 바닥으로부터 멀어지기. 야전침대 위에 침낭 하나면 잠자리 준비는 끝. 낮에는 벤치로도 사용할 수 있다 | **해먹** 캠핑의 낭만을 느낄 수 있게 해준다. 시원한 그늘에 해먹을 매달고 누워 있노라면 여느 별장 부럽지 않다.

알아두면 좋은 캠핑용어들

그라운드 시트	텐트 바닥에 설치하는 시트. 습기와 냉기를 차단해준다.
그릴넷	고기를 굽는 철망. 단단한 것은 더치오븐을 올릴 수도 있다.
내수압	텐트 또는 타프 천이 비에 얼마나 견디는가를 재는 수치. 내수압 1500mm는 원단 위에 150cm의 물기둥이 원단에 올려져 있을 때 물이 새지 않는다는 뜻이다.
도어 패널	텐트 출입구.
루프	텐트의 지붕.
루프백, 루프박스	자동차 지붕에 장착하는 수납공간. 일종의 짐가방이다.
매쉬	통풍과 환기를 위해 만들어진 그물망처럼 생긴 천.
맨틀	랜턴의 불을 밝히는 심지.
백패킹	배낭에 모든 캠핑 장비를 넣어 이동하면서 캠핑하는 것.
사이트	텐트를 구축하는 장소. 요즘은 주로 마사토를 깐다.
솔리드 스테이크	단조팩. 무겁고 깊이 박을 수 있어 바람이 많이 불거나 비가 올 때, 타프나 텐트를 설치할 때 주로 사용한다.
스크린 텐트	모기장 텐트라고 생각하면 된다.
스토퍼	텐트 또는 타프의 당김줄(스트링)을 고정시켜주는 장치.
스트링	텐트 또는 타프를 고정시켜주고 바람으로부터 지탱해주는 로프.
아이지티(IGT)	일본의 캠핑용품 제조사인 스노우피크사의 상품명이다. Iron Grill Table의 약자. 조리대와 식탁을 겸할 수 있어 편하다.
어닝	타프 끝에 설치하는 삼각형 구조로 바람막이, 햇빛 차단으로 사용한다.
웨빙	천으로 만든 손잡이.
차콜	숯 또는 목탄.
차콜 스타터	차콜에 불을 쉽게 붙일 수 있도록 한 용구.
토치	부탄가스를 사용해 화로에 불을 붙일 때 사용하는 장비.
패킹	짐 꾸리기.
팩	텐트나 타르를 설치할 때 땅에 박는 말뚝. 쇠나 플라스틱으로 만든다.
폴	파이프. 주로 텐트를 고정하기 위해 사용한다.
플라이	방풍과 방수를 위해 텐트 위에 덧씌우는 천.

재미있는 캠핑 은어들

녹차	소주를 가리킨다.
당일모드	당일치기로 캠핑을 하고 밤에 철수하는 것.
돼지꼬리	폴에 매다는 랜턴걸이를 가리키는 말. 생긴 모양이 돼지꼬리를 닮아 이렇게 부른다.
떼캠	떼거지 캠핑.
먹캠	먹으려고 하는 캠핑. 각종 요리들이 등장한다.
방문모드	1박 이상 캠핑하는 캠퍼에게 가서 밥이나 술을 마신 후 철수하는 것. 야간에 음식을 들고 가는 것이 예의다.
바깥지기	남편이나 남자친구.
안지기	와이프나 여자친구.
백설표	일본 캠핑장비회사 스노우피크 사를 일컫는 말.
번캠	예고 없이 카페에서 진행하는 캠핑.
북극성	콜맨 노스스타 랜턴.
솔캠	솔로 캠핑. 혼자서 캠핑을 즐기는 것.
우중캠핑	비 오는 날 하는 캠핑. 텐트나 타프에 비가 부딪히는 소리가 운치 있다. 하지만 철수할 때 좀 힘들다.
장박	장기캠핑. 유명 캠핑장에는 한 달 이상 캠핑하는 캠퍼들이 있다.
정캠	정기 캠핑.

모든 캠핑장비의 으뜸은 텐트다. 텐트는 비와 바람을 피하고 잠을 자는 집이다. 오토캠핑장에 도착해서 가장 먼저 하는 일이 텐트 칠 자리(사이트)를 구하는 것이다. 오토캠핑은 텐트에서 시작해 텐트로 끝난다고 해도 과언이 아니다.

텐트의 종류

알파인형 텐트의 기본으로 등반가들이 주로 사용한다. 무게가 가볍고 부피가 작다. 폴의 강도도 세고 내수압도 우수하다. 극한의 조건에서도 견딜 수 있도록 만들어졌다. 하지만 실내 면적이 좁다.

돔형 알파인형보다 크다. 콜맨의 '웨더마스트 돔' 시리즈와 스노우피크의 '어메니티돔' '랜드브리즈' 시리즈가 대표적이다. 원형으로 설계되었고 체고가 높아 활동성이 좋다. 중급 이상의 캠퍼들이 가장 선호하는 스타일이다.

일체형 캠퍼들이 가장 많이 사용하는 텐트. 리빙셸과 텐트를 결합한 스타일이다. 잠을 자는 침실 공간과 테이블과 의자들을 놓을 수 있는 거실 공간으로 이루어져 있다. 이너텐트(침실) 부분을 걷어내면 타프로도 활용할 수 있다. 4인 이상 가족이 넉넉히 사용할 수 있을 만큼 넓은데다 비가 오거나 바람이 불 때를 대비할 수 있다. 하지만 부피가 크며 무거울 수 있다. 콜맨의 '웨더마스터 투룸 하우스'와 스노우피크의 '랜드락'이 대표적인 제품이다.

초보 때는 일체형으로 시작해 어느 정도 경력이 쌓이면 '돔형 텐트+타프' 구성으로 넘어가는 것이 일반적인 과정이다. 텐트는 남성만의 전유물이 아니다. 아내와 아이들의 입장을 충분히 고려하고 함께 의논하라. 그리고 어떤 텐트를 살까 고민될 때는 가장 많이 사용하는 텐트를 구입하는 것이 요령이다.

+ 텐트를 살 때, 자신이 연출할 사이트의 밑그림을 그려보도록 하자. 보통 처음 구입한 텐트 제조사의 장비로 사이트를 구성하는 경우가 많다. A사의 텐트를 샀다면 대부분 A사의 타프와 리빙셸 조합으로 가게 되어 있다. 싼 게 비지떡이라는 것도 알아두자. 한 번 구입한 텐트는 보통 5년 이상 사용할 수 있다. 싼 텐트는 팩과 폴, 그라운드시트 등의 재질이 현저히 떨어진다. 텐트를 사면 장비의 절반은 해결한 것이다. 그만큼 텐트 구입에 신중을 기해야 한다.

깔끔 수납 노하우

텐트 본체 이외의 부품들은 별도의 수납가방을 만들어 각 기능별로 여유 있게 준비하고, 함께 사용하는 망치, 팩해머, 톱, 도끼 등의 공구들도 함께 보관하자.

꼼꼼조언 텐트를 살 때 유의해서 봐야 할 것이 텐트에 표시된 내수압. 방수능력을 나타내는 단위인데 10mm의 면적에 얼마만큼의 물을 부으면 물이 새는지를 수치로 나타낸다. 내수압이 1000mm라고 표시되어 있다면 텐트 위에 1m의 물기둥을 올려도 물이 새지 않음을 의미한다. 500mm는 가랑비, 1000mm는 보통 비, 1500mm는 폭우로 분류. 최근 출시되는 텐트의 경우 돔형 텐트는 1800mm, 오토캠핑용 리빙쉘은 3000mm의 내수압이 일반적이다.

Weathermaster Wide Screen Tarp
PRO
Coleman

비너, 스토퍼, 스트링, 노끈, 겨울철 언 땅에 이용 가능한 대형 시멘트 못, 작은 못 등도 함께 넣어두면 편리하다.

추천 텐트 리빙쉘과 랜드브리즈4

데크가 설치되어 있는 휴양림에서 리빙쉘을 펼치기엔 대부분 사이트가 좁은 편이라 랜드브리즈4와 타프를 주로 사용해요. 장마철이 아닌 여름철 간편 모드로 제격인 것 같아요. 또 여러 가족 캠핑 때에도 거실 공간의 중복을 피하고 타프 아래 실외 공간을 확보하기에도 적합하죠. 랜드브리즈는 무게도 가볍고 정리 가방이 잘 되어 있어 이동 및 수납이 용이하고 무엇보다도 설치, 해체가 아주 간편하답니다. 여자 혼자서도 거뜬하죠. 리빙쉘과 랜드브리즈를 연결한 후 터널을 연결하면 실내공간을 보다 효율적으로 활용할 수 있고 보온 및 외풍 차단력도 높일 수 있어요.

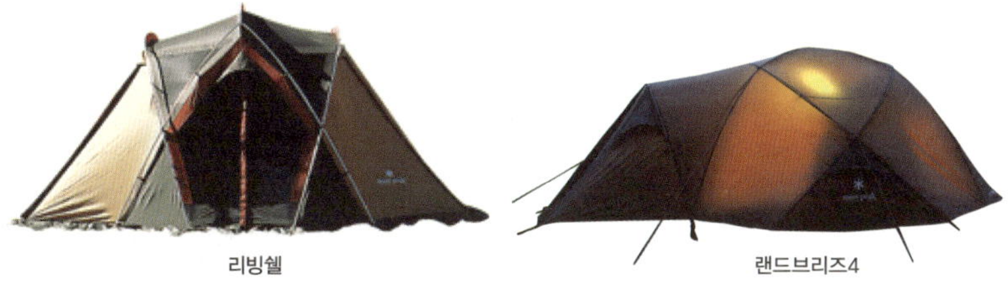

리빙쉘 랜드브리즈4

Q&A

Q **가족들과의 캠핑을 주로 즐기기는 하지만 가끔 산행을 하며 솔로캠핑을 떠나고 싶어요. 어떤 텐트가 좋을까요?**

A 침실과 거실 공간을 분리해서 따로 사용할 수 있는 텐트를 선택하세요. 예를 들면 리빙쉘과 랜드브리즈 조합이죠. 혼자 떠날 땐 랜드브리즈만, 여기에 소형 타프가 준비되면 금상첨화겠죠.

스노우피크 리빙쉘 쉴드

아름다운 색상과 멋스러운 외관에 많은 점수를 주게 된다. 외형 못지않게 기능적인 면도 뛰어난 제품이다. 크기에 비해 설치가 쉽고 가벼우며 다양한 옵션을 활용하여 개성 있는 연출을 할 수 있다. 간편하게 이너룸을 걸어 사용할 수 있으나 거실 공간이 좁아지므로 별도의 이너텐트나 터널과 함께 텐트를 연결해서 사용하는 이들이 많다. 수납 주머니가 작고 천장과 벽에 다른 물건들을 걸 수 있는 고리가 적은 편이다. A자형 구조로 위쪽 면의 공간 활용도가 떨어지므로 키친 테이블을 사용할 때는 화기가 벽면과 가까이 닿지 않도록 주의해야 한다. IGT 같은 일체형 주방가구 사용이 어울린다.

콜맨 웨더마스터 2룸 하우스

콜맨 웨더마스터 텐트 중 하나. 밝은 색상이어서 실내가 환하다. 전실 공간이 여유로운 스크린 타프와 이너 텐트로 구성된 거실텐트. 최근에 크기가 큰 거실텐트들이 많이 나와 2룸 하우스의 전실공간이 비교적 좁다는 의견이 있으나 4인 가족이 쓰기엔 무리가 없다. 결로 방지 루프가 포함되어 있고, 스크린 부분 사이드 출입구가 있어 편리하다. 탈착식 이너텐트이므로 공간 활용이 다양하다는 장점이 있다.

코베아 이스턴

4.1 × 2.2의 거대 크기를 자랑한다. 긴 테이블 2개를 이어놓아도 충분할 정도의 거실 공간과 성인 6명이 누워도 넉넉한 이너텐트가 자랑. 이너텐트 설치도 쉽다. 공간 활용을 잘해 못 쓰는 공간이 없다. 고리만 쓱쓱 걸어주면 된다. 주위에 이 텐트를 쓰는 캠퍼들이 많은데, 만족도가 아주 높다. 다양한 물품을 수납할 수 있는 단단한 수납망에도 점수를 주고 싶다. 다만 룸 입구가 하나인 점이 아쉽다. 크기가 크다 보니 겨울 캠핑 시엔 난로 하나로는 난방이 어렵고 보조난방 기구를 하나 더 준비해야 한다.

그늘 울창한 우리 집 마당
타프

쉽게 말하자면 타프는 천막이다. 뜨거운 태양으로부터 그늘을 만들어주고 빗줄기에서 사이트를 지켜준다. 하지만 캠핑에서는 이보다 더 큰 역할을 한다. 타프 아래에서 휴식을 취하고 타프 아래에서 취사를 한다. 타프 아래에서 차를 마시고 타프 아래에서 아이들과 함께 놀이를 즐기기도 한다. 대부분의 생활이 타프 아래에서 이루어진다고 해도 과언이 아니다. 적어도 낮 동안에는 텐트보다 100배 더 쓸모가 있다.

타프의 종류

렉타 펼치면 직사각형 모양이라 사각 타프로도 불린다. 메인폴 2개와 사이드폴 4개, 스트링을 이용해 설치한다. 안정감이 높고 그늘 면적이 넓다. 출입도 용이하다. 폴을 많이 사용하다 보니 수납 시 부피가 크고 무게가 다소 무겁다. 가격도 헥사 타프에 비해 비싼 편.

헥사 펼치면 육각형 모양을 하고 있다. 2개의 폴과 스트링만을 사용해 설치한다. 가볍고 설치가 간단하며 바람에 견디는 내풍성이 렉타 타프에 비해 강

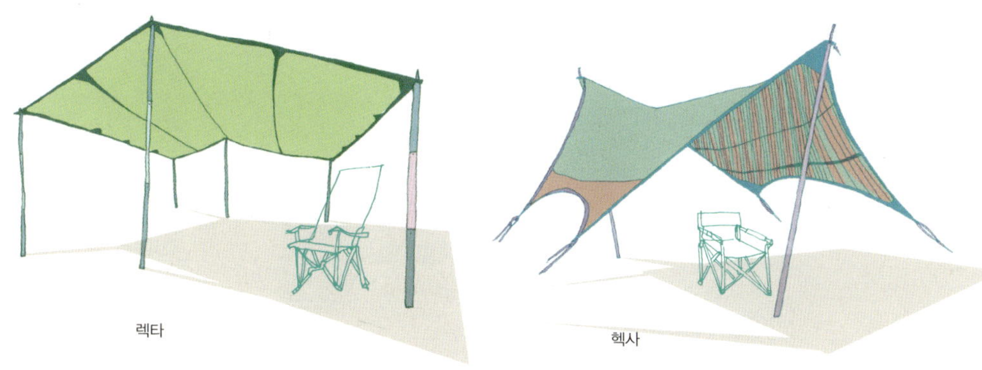

렉타 헥사

하다. 하지만 그늘 면적이 좁다는 것이 단점. 사이드 월도 설치할 수 없다. 헥사 타프의 가장 큰 장점은 멋있다는 것. 간지가 난다.

타프 활용 시 다양한 액세서리

사이드월 말 그대로 옆면 벽이다. 렉타 타프의 긴 쪽 면 아래에 늘어뜨려 벽을 만든다. 바람을 막아주며 프라이버시 보호 기능을 해준다.

타프 스크린 타프 폴에 걸어서 설치하는데, 모기장 비슷하다. 여름철에 유용하다.

타프 프런트 월 타프 앞면 또는 뒷면에 설치하는 가림막이다. 프런트 월을 설치하면 아늑한 공간이 생긴다. 주로 헥사 타프에 많이 사용한다.

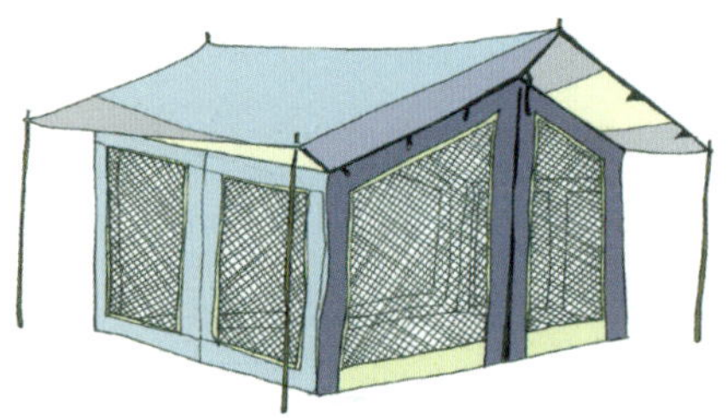

렉타 타프 + 타프 스크린

+ 렉타 타프는 다양한 응용이 가능하다. 프라이버시를 살리고 싶을 때는 한쪽 면을 아예 바닥까지 내린다. 이렇게 하면 그늘의 면적은 반으로 줄지만 바람과 다른 캠퍼의 시선을 완벽하게 차단할 수 있다. 사이드 월이나 프런트 월처럼 다양한 보조 장비를 활용할 수 있다는 것도 장점이다. 또 사방이 메시창으로 된 스크린 타프를 걸면 텐트로도 활용할 수 있다. 헥사는 프런트 월과 궁합이 잘 맞는다. 타프 정면에 거는 삼각형 모양의 프런트 월은 아늑한 공간을 만들어준다. 2~3인 캠퍼에게 추천한다.

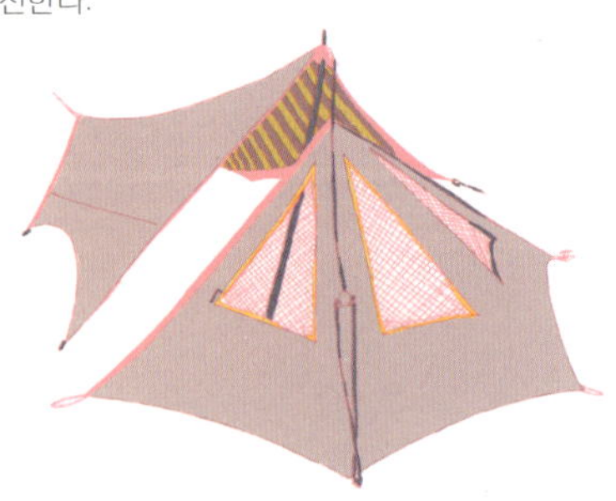

헥사 + 타프 프런트 월

타프 사용 시 주의할 점

타프 아래에서 장작 피우기는 금물!
타프를 아낀다면 화로는 타프에서 조금 떨어진 곳에 피우세요.
불꽃이 날려 타프에 구멍이 나는 수도 있답니다.

추천 타프 사각타프

렉타와 헥사는 저마다 장점이 있어 캠퍼들은 어떤 것을 선택해야 할지 곤혹스럽기만 합니다. 경험상 헥사 타프를 구입한 캠퍼들은 대부분 렉타 타프로 넘어가는 경우가 많아요. 아무래도 가족이 캠핑을 하는 데 활용도가 높기 때문이죠. 굳이 하나만 구입해야 한다면 처음부터 활동 면적이 넓은 사각 타프를 구입하는 것이 좋을 듯합니다.

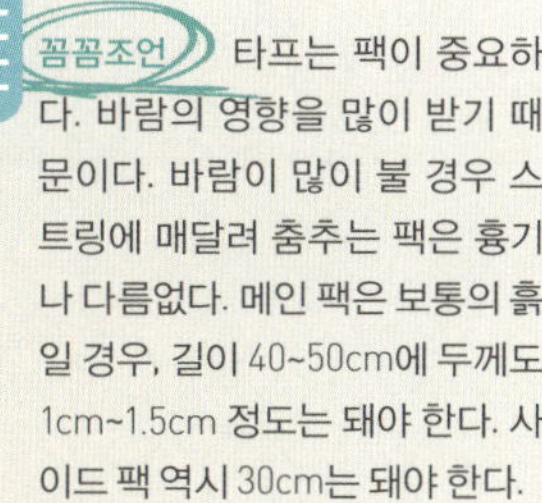

꼼꼼조언 타프는 팩이 중요하다. 바람의 영향을 많이 받기 때문이다. 바람이 많이 불 경우 스트링에 매달려 춤추는 팩은 흉기나 다름없다. 메인 팩은 보통의 흙일 경우, 길이 40~50cm에 두께도 1cm~1.5cm 정도는 돼야 한다. 사이드 팩 역시 30cm는 돼야 한다.

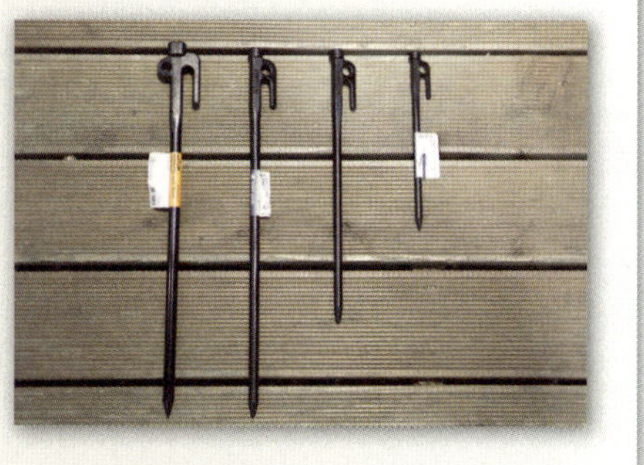

Q&A

Q 타프를 고를 때 가장 고려해야 할 점은 무엇인가요?

A 먼저 텐트와의 조화를 생각해야 합니다. 텐트가 큰데 타프가 작다면 아무래도 보기가 민망하겠죠. 반대의 경우도 마찬가지. 그래서 대부분의 캠퍼가 텐트와 같은 브랜드의 타프를 구입해요. 또한 타프는 텐트처럼 당장 필요한 장비는 아니므로 캠핑을 두세 번 경험해보고 나서 자신에게 맞는 타프를 구입하는 것이 좋아요.
타프도 텐트와 마찬가지로 내수압을 고려합니다. 3,000mm~5,000mm 사이의 제품이 대부분인데, 3,000mm 정도면 무난해요. 햇볕이 강한 날에는 내수압이 높은 타프의 그늘이 더 시원합니다.

캠핑에 멋스러움을 더하다
테이블과 의자

대표적인 캠핑 가구는 테이블과 의자다. 땅바닥에서 생활할 수는 없으므로 테이블과 의자는 꼭 필요하다. 최근에는 바닥에 매트를 깔고 생활하는 좌식과, 바닥에 가깝게 테이블과 의자의 높이를 낮춘 로우스타일이 인기를 끌고 있다. 텐트나 타프 아래에서 공간을 효율적으로 사용하기 위해서다. 그러나 캠핑 동선을 고려해볼 때 로우스타일이든 아니든 테이블과 의자는 캠핑 시 갖추어야 할 기본적인 캠핑 가구다. 다른 사람들과의 캠핑에 함께 참여하더라도 최소한 자기 의자는 가지고 가야 민폐가 되지 않는다. 밥을 먹고, 차를 마시고, 담소를 나누며 여유를 즐기는 등 거의 모든 시간을 보내게 되는 것은 테이블과 의자라는 것을 잊지 말자.

테이블 종류

알루미늄 테이블 상판이 알루미늄으로, 열에 강해서 뜨거운 코펠 등을 바로 올릴 수 있으며 가볍고 튼튼하다.

MDF 테이블 상판이 MDF로 되어 있고 다리는 알루미늄이다. 뜨거운 것을 올릴 때는 깔개를 이용하는 것이 좋으며 간혹 상판 이음새나 흠집 사이로 물이 스며들어 얼룩이 지기도 하므로 주의해야 한다.

대나무 테이블 상판을 대나무로 처리하여 고급스럽지만, 충격에 흠이 생기기 쉽고 가격이 비싸다.

미니 테이블 각종 받침대, 화로 테이블, 책상 등으로 사용 가능하며 두 개를 연결하면 한 가족 식사 테이블 노릇을 한다.

+ 테이블 구입 팁 테이블은 주로 알루미늄 재질을 많이 사용한다. 가격도 저렴하고 사용하기 편하기 때문이다. 대나무 재질은 외관이 고급스럽고 예쁘지만 무게도, 수납도, 가격도 만만치 않다는 것을 고려해야 한다. 테이블은 다리 높이를 조절할 수 있는 것이 활용하기에 편리하다. 수납 시 상판을 접어 수납이 가능한 제품을 고르고, 테이블 다리와 바닥이 닿는 부분에 흙마개 처리가 되었는지 확인해보고 고르도록 하자.

테이블 활용 노하우

테이블은 큰 것 하나를 쓰기보다는 4인용 테이블과 미니 테이블을 활용하는 등 작은 것 2개 이상을 활용하는 것이 더 실용적이다. 실제 캠핑을 하는 동안 화로 주변에서 시간을 보내는 경우가 많기 때문에 화로테이블을 구입하는 경우도 많다. 화로테이블은 화로 주변 외에는 활용성이 떨어지는 단점도 있으므로, 캠핑을 좀더 다녀본 뒤 구입하는 것도 한 방법. 화로 테이블로 미니 테이블이나 다리를 낮춘 폴딩테이블을 써도 무방하다. 시스템키친(IGT-키친테이블 참조)을 사용할 경우 테이블은 롱보다 레귤러가 실용적이다. 대나무 상판이어서 무게가 무겁고, 롱의 경우 길이가 1200cm 이상이어서 차 트렁크에 실리지 않는 경우도 있기 때문이다. 레귤러가 작다 싶을 경우는 레귤러 2개를 활용하도록 한다.

의자의 종류

표준형 목받이가 없어 편안함이 덜하지만, 가장 보편적인 형태이다. 제품에 따라서는 컵받침대가 있는 형태도 있다.

릴렉스형 등받이가 뒤로 뉘어져 있고, 머리를 받칠 수 있을 정도로 길이가 길어 표준형보다 더 편하다. 하지만 길이 때문에 차량 수납이 불편하며, 높이가 낮아 테이블과 높이가 맞지 않아 불편하다. 로우 스타일에 맞다. 또한 앞쪽으로 무게중심이 옮겨오면 앞으로 쓰러질 위험이 있으므로 화로 가까이에서 아이들이 사용하는 것은 피해야 한다.

바비큐형 크기가 작아서 수납하기 쉽고, 화로 주변에서 사용하면 편리하다.

그라운드형 다리가 없는 등받이 의자로 텐트 내에서나 데크 위에서 주로 사용한다. 바닥에 매트를 깔고 좌식으로 캠핑할 때도 사용한다.

벤치형 의자 2인 이상 사용이 가능하며 등받이가 있는 형과 없는 형으로 나눈다.

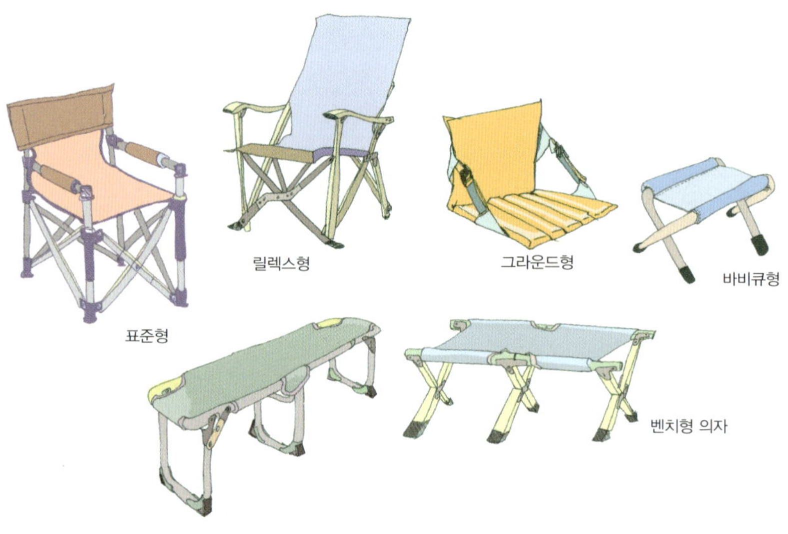

+ 의자 구입 팁 의자를 고를 때에는 자신의 캠핑 스타일을 가장 먼저 고려해야 한다. 좌식, 입식, 로우 스타일 중 하나를 선택하라. 그 다음 거기에 맞는 높이의 테이블과 의자를 선택하면 된다. 테이블은 높이 조절이 가능하지만 의자는 불가능하므로 이 부분을 가장 먼저 결정해야 한다. 또 하나 주의해야 할 것은 수납이다. 의자는 수납 시 원터치와 사방접이식이 있다. 원터치는 설치와 철수 시 편하지만 수납 시 자리 차지를 많이 한다. 사방접이식은 설치, 철수 시 약간 손이 더 가지만, 수납 시 막대형으로 수납이 가능하므로 자신의 차 트렁크 크기를 고려해서 고르도록 하자.

의자 활용 노하우

바비큐 의자는 화로 주변에서 주로 사용하지만, 급할 땐 아이들 의자로 활용하면 짐을 줄일 수 있는 방법이 되기도 한다. 또한 쿨러 받침대나 간이 탁자, 책상 등으로도 활용이 가능하다. 다른 의자와 함께 발의자로 사용하면 편하게 쉴 때 도움이 된다.

야전 침대는 낮에는 벤치로, 밤에는 침대로 사용할 수 있다. 혹은 캠핑장에 손님이 왔을 때 의자가 부족하거나 어린아이들이 앉아 놀기에 좋으니 활용해보자. 또한 등받이가 없는 벤치는 키친테이블 아래에 넣어 선반으로도 활용이 가능해서 보다 많은 주방의 짐들을 깔끔하게 수납, 정리할 수 있다.

추천 테이블과 의자 콜맨 3폴딩 테이블 + 콜맨 슬림캡틴체어

처음 캠핑을 시작할 때 캠핑 가구로 가장 이상적인 조합입니다. 크기, 가격, 재질 면에서 그렇습니다. 4인 가족 이상에게 적합한 테이블이죠. 의자는 기본 형태의 튼튼한 의자예요. 캠핑 경력이 조금 더 쌓이면, 차의 크기와 취향에 따라 대나무 재질 테이블을 고려해보는 것이 좋아요. 의자는 가족 수에 맞게 준비해야 하므로, 취향에 따라 릴렉스 의자를 1~2개 포함하는 것도 고려해보세요.

Q&A

Q 테이블과 의자는 다른 장비보다 훨씬 종류가 많아서 선택하기 힘듭니다. 어떻게 해야 할까요?

A 테이블은 가격이 저렴하고 막 쓰기 좋은 것을 원한다면 알루미늄 테이블을, 캠핑의 멋을 더하고 싶다면 대나무 테이블을 추천합니다. 가격이 부담된다면 알루미늄 테이블에 예쁜 테이블보를 활용하는 것도 한 방법입니다.

의자는 초등학생 이하 아이가 있을 경우 어른용 의자 2개, 미니 체어 2개가 활용도가 좋습니다. 물론 그럴 경우 테이블 다리 조절이 필요하겠죠. 아이들이 크더라도 그 의자는 화로 의자로 활용이 가능해요. 등받이가 있어 기존 바비큐 의자보다 활용도가 좋습니다. 어른이 앉아도 무방하거든요. 취향에 따라 릴렉스 체어를 1~2개 정도 추가해도 좋아요.

깐깐 비교

테이블

스노우피크 원액션 레귤러

대나무 상판의 고급스러운 외관이 탐나는 제품. 무게가 알루미늄에 비해 상대적으로 무겁다.

콜맨 3폴딩 테이블

3폴딩 테이블은 6인용으로 가장 보편적인 테이블. 처음 캠핑을 시작하는 캠퍼들이 많이 이용하는 기본적인 테이블. 4폴딩은 너무 크고, 3폴딩이 적합하다.

콜맨 컴포트마스터 뱀부 라운지 테이블 100

콜맨에서 나오는 대나무 상판의 원터치 테이블. 웨더마스터 시리즈에 맞춰 출시되었다. 타사 대나무 상판 제품에 비해 무게가 더 나간다.

콜맨 슬림 2폴딩 미니테이블

미니테이블은 그 자체로 쓸모가 많은 사이드 테이블. 내하중 30kg을 견디는 제품이 따로 있으나 미니테이블은 그렇게까지 필요없다. 이 제품은 내하중 10kg. 이것으로 충분하다. 더치오븐은 기존테이블에 충분히 올릴 수 있고, 전용 받침대가 있다. 그리고 미니테이블이지만 다리 조절이 가능한 것이 장점.

코베아 알루미늄 테이블4

4인용 알루미늄 상판 테이블. 뜨거운 것을 올려도 무방하고, 물걸레로 닦아도 걱정없는 테이블. 다리 조절 가능하고, 화로 곁에서 사용해도 걱정없으며, 가격마저 저렴한 테이블. 조금의 불편을 감수하면 4인 가족 테이블로도 충분하다. 의자가 포함된 알루미늄 테이블도 있으나 등받이가 없는 의자는 활용도가 낮다. 캠핑 의자는 따로 구입하게 되므로 테이블만 구입하는 것이 좋다. 바비큐 의자로도 활용할 수 있으나 가격비교를 하면 포함된 의자 가격이 더 비싼 편이므로, 바비큐 의자를 따로 구입하는 것이 더 저렴하다.

코베아 슬림 3폴딩 테이블

마찬가지로 기본 테이블. 알루미늄 상판에 핫 무빙 코팅이 되어 있어 화기에 강하다. 가격도 3폴딩 테이블로서는 적정. 다리 조절도 가능하다.

코베아 미니테이블

코베아의 미니테이블은 정말 사랑스럽다. 가격도 저렴하고, 미니테이블임에도 반으로 접혀 수납에 좋다. 무게도 가벼워 있는 듯 없는 듯하지만 캠핑장에서는 요모조모 쓸모 많은 테이블. 텐트 안에서도, 화로 곁에서도, 혹은 쿨러나 그 밖의 물건 받침대로도, 그 역할을 톡톡히 해낸다.

의자

스노우피크 테이크체어

대나무 다리에 튼튼한 캔버스 천을 씌우는 의자. 캔버스 천이 등받이까지 하나로 연결되어 있어 등에 부담을 주지 않는다. 사방접이식. 디자인도, 외관도, 색상도 예쁘다. 테이크 체어는 릴렉스 의자도 있으므로 참고하자.

콜맨 슬림캡틴체어

사방접이식 기본적인 캠핑 의자. 설치해 놓았을 때 흔들리지 않고 단단하며 가격도 적정하다. 가장 무난한 의자. 수납 포켓이 부착되어 있어, 달아나기 쉬운 수납케이스를 넣을 수도 있고, 수납 포켓 활용도도 좋다. 의자 수납케이스가 포함되어 있는 것도 장점.

콜맨 컴팩트 폴딩 체어

디자인과 색상이 좋아서 탐나는 의자. 로우 타입 체어. 작지만 단단한 느낌을 주는 의자이다. 원터치로 설치가 가능하며 손잡이가 있어 이동 시 편리하다. 수납은 사방접이식이 아니니 고려할 것. 팔걸이가 천연목이어서 고급스러움을 더한다.

코베아 폴더블 플러스 체어

초등학생 이하 어린이에게 맞는 크기의 의자. 사방접이식이어서 막대형으로 접히고 길이가 짧아 수납에 절대적으로 유리하다. 화로 곁 바비큐 의자로도 좋다. 크기가 작지만 어른이 앉아도 불편하지 않으므로 아이들이 자라도 충분히 사용 가능하다. 등받이가 있고, 가격도 저렴해서 아주 실용적이다.

코베아 필드 릴렉스 체어

등받이가 길어 목까지 받쳐주는 릴렉스 체어는 캠핑장에서 휴식을 취할 때 아주 편안하다. 한 번에 펴고 접을 수 있으며, 수납도 막대형으로 접히므로 유용하지만, 릴렉스 체어는 수납 시 그 길이를 고려해야 한다. 이 의자의 경우 90cm. 더 길어지면 차에 짐 실을 때마다 곤란을 겪게 되니 참고할 것.

아늑한 우리 집 침실 침낭&매트리스

오토캠핑의 필수장비 가운데 하나가 침낭이다. 캠핑에서 침낭은 침대이자 이불이다. 별다른 난방장치를 기대할 수 없는 캠핑의 여건상 침낭의 선택이 무엇보다도 중요하다.

침낭의 종류

머미형 몸에 맞게 만들어졌기 때문에 내부 공기 유출이 적다. 사각형 침낭에 비해 보온력이 월등히 높다. 등산용으로 사용되며 가격이 사각형에 비해 다소 비싸다. 늦가을과 초겨울 등 쌀쌀한 날씨에도 오토캠핑을 즐기고 싶다면 머미형 침낭을 권한다. 또한 자녀가 초등학교 고학년 이상이라면 머미형을 추천한다.

사각형 머미형에 비해 내부 면적이 넓고 빈 공간이 많아 보온력이 떨어진다. 반면 몸을 자유롭게 움직일 수 있다. 주로 봄, 여름용으로 사용하기에 알맞다. 사각형 침낭은 다양한 연출을 할 수 있다는 게 장점이다. 2개의 침낭을 연결해 이불처럼 사용할 수 있기 때문에 가족과 함께 사용하기에 좋다. 사각

머미형 사각형

형 침낭은 서로 이어붙일 수 있도록 같은 회사, 같은 종류의 침낭을 사길 권한다.

침낭 구입 노하우

1. 침낭의 적정온도를 보고 구입하라

침낭에는 사용하기 적합한 온도가 표시되어 있다. 일반적으로 여름용은 최저 10도 내외면 충분하다. 봄, 가을 바깥 날씨는 생각보다 춥다. 우리나라의 경우 계곡형 캠핑장이 많아 일교차가 크다. 최저 내한 온도가 영하 2~4도까지는 보장되어야 한다. 겨울용은 최저 영하 20도 내외가 알맞다. 침낭이 다소 부실하다면 침낭 커버를 준비하는 것도 한 방법. 겨울 캠핑 시 유용하다. 고어텍스 소재의 제품이 좋다.

2. 침낭의 수납규격을 꼼꼼히 살펴봐라

자동차 트렁크 공간은 한정되어 있다. 침낭이 차지하는 공간은 생각보다 크다. 4인 가족이 캠핑을 갈 경우 침낭만 해도 한 짐이다.

3. 침낭에 대한 투자는 과감히

잠자리가 편해야 캠핑이 편하다. 잠자리가 춥거나 편하지 않으면 두 번 다시 캠핑을 떠날 마음이 일지 않는다. 게다가 침낭은 한 번 구입하면 다시 구입하기

꼼꼼조언 침낭은 속에 어떤 재료를 넣느냐에 따라 오리털 침낭과 화학솜으로 된 패딩 침낭으로 나뉜다. 오리털 침낭은 보온력이 뛰어나고 부피가 작으며 무게도 가볍다. 복원력도 좋다. 하지만 가격이 다소 비싸다. 좋은 오리털 침낭은 침낭 주머니에서 침낭을 꺼냈을 때 빨리 부풀어오른다는 것을 알아두자. 털이 빠져나오는지의 유무도 꼼꼼히 체크해야 한다.

패딩 침낭은 내한력에서 오리털 침낭에 비해 현저히 떨어진다. 접었을 때의 부피 역시 오리털 침낭에 비해 2~3배는 크다. 그만큼 수납공간을 많이 차지한다는 뜻. 하지만 세탁과 관리가 편하고 가격이 저렴해 캠핑을 처음 시작하거나 봄·가을 위주로 캠핑을 다니는 캠퍼들에게 알맞다.

가 쉽지 않으므로 처음 살 때 좋은 제품으로 구입하길 권한다. 침낭의 가격은 2만 원에서 2백만 원까지 천차만별이다. 대부분 20만 원대의 제품이면 무난하게 쓸 수 있다. 침낭은 전문 브랜드의 것을 구입하는 것이 좋으며 겨울에 캠핑할 것이 아니라면 오리털보다는 패딩침낭을 구입하는 것이 실용적이다.

잠자리가 편해야 캠핑이 즐겁다, 매트리스

편안하고 쾌적한 밤을 보내려면 매트리스가 필수다. 아무리 좋은 침낭이 있어도 바닥을 평평하게 해주고 등을 편안하게 받쳐주는 매트리스가 없다면 밤새 이리저리 뒤척일 각오를 해야 한다. 매트리스는 이불 역할만이 아니라 바닥에서 올라오는 냉기와 습기를 차단해주는 역할을 한다는 것도 알아두자.

매트리스의 종류

발포매트 가장 대중적인 매트다. 공기층이 형성될 수 있도록 표면을 올록볼록하게 만들었다. 대부분 폴리에틸렌 소재로 만드는데 충격 흡수가 뛰어나고 방수 기능이 탁월하다는 것이 장점이다. 마트 등에서 손쉽게 구할 수 있으며 가격도 1~3만 원대로 저렴해 초급자가 사용하기에 안성맞춤이다. 발포매트

꼼꼼조언 취침 시 필요한 액세서리들도 있다. 그중 필수품은 바로 베개. 옷이나 수건으로 대용이 가능하지만 베개가 따로 있다면 잠자리는 더욱 포근하다. 공기를 빼고 넣을 수 있는 타입으로 구입하는 것이 높이를 조절할 수 있어 편하다. 수납 시 돌돌 말아 전용케이스에 넣을 수 있다.

기온이 떨어지는 밤, 보온을 위해 안고 자면 좋은 탕파. 탕파는 뜨거운 물을 넣어서 그 열기로 몸을 따뜻하게 하는 기구다. 쇠나 함석 등으로 만들며 침낭 속에 넣고 잔다. 급할 땐 페트병에 뜨거운 물을 넣고 수건으로 싸서 이용해도 된다. 봄·가을 환절기나 겨울 캠핑에 유용하다.

를 깔기 전 은박 매트를 한 번 깔아주면 더욱 효과적으로 냉기를 차단할 수 있다.

에어매트 텐트 바닥에서 올라오는 한기를 차단하는 능력이 가장 뛰어나다. 공기가 투과되지 않는 겉감 안쪽에 스펀지를 넣었고, 이 안에 공기주머니가 만들어져 있다. 발포매트보다 사용감이 좋고 쿠션도 탁월하다. 공기를 빼면 부피도 크게 준다는 것도 장점이다. 공기를 넣는 것도 간편해 공기 주입구를 열어놓으면 자동으로 바람이 들어간다. 이런 까닭에 등산 시에도 많이 사용된다. 다만 가격이 비싸고 뜨거운 냄비 등을 올렸을 때 모양의 변형이 생길 수도 있다. 여름 캠핑용으로 많이 사용되는데 구입할 때 면코팅 처리 여부를 확인하는 것이 좋다. 면코팅이 되지 않는 것은 바람이 샐 수도 있다.

에어박스 에어 매트리스와 거의 비슷하다. 수만 가닥의 폴리에스테르 실을 일정한 간격으로 부착한 이중직물 구조로 되어 있어 뒤틀림이나 휘어짐, 쏠림이나 울렁거림이 전혀 없다. 야전침대와 함께 구성하면 침대 못지않게 사용할 수 있다. 하지만 가격대가 다소 높다.

침대형 매트리스 역시 에어 매트리스와 비슷한 모양이다. 하지만 두께가 10cm 내외로 훨씬 두껍다. 주로 2~3인용의 퀸 사이즈형을 많이 사용한다. 공기를 주입하거나 뺄 때 펌프를 이용해야 하므로 다소 번거롭고 부피가 큰 게 단점이다.

매트리스를 사용할 때 텐트 바닥에 이너매트를 깔고 매트리스를 놓는 것이 좋다. 일차적으로 냉기와 습기를 막을 수 있어 보다 쾌적한 실내 환경을 만들 수 있기 때문이다. 텐트마다 전용 이너매트를 판매하고 있는데 가격이 다소 비싸다. 마트에서 자신의 텐트 크기에 맞는 것을 따로 구입하는 것도 한 방법이다.

에어매트 침대형 매트리스 발포매트

+ 매트리스는 텐트 사이즈보다 넉넉한 것을 구입하라. 겨울캠핑 시 텐트 바닥 사이에서 불어오는 바람을 막아준다.

바닥 공사 순서

캠핑 시 텐트 생활은 땅바닥 위에서 하게 된다. 낮의 활동은 상관없지만, 밤이 되면 지면에서 올라오는 한기와 맞닥뜨리게 된다. 따뜻하고 편안한 밤을 보내려면, 텐트 안팎의 바닥공사를 든든하게 해야 한다. 대체로 바닥 공사의 순서는 그라운드시트 → 텐트 바닥 → 이너매트 → 발포매트 → (전기요 → 면 패드나 카펫) → 침낭이나 이불 순이 된다. 봄·가을 환절기에는 밤이 되면 기온이 뚝 떨어지므로 아이가 있는 경우 전기요를 활용하면 도움이 된다. 날씨가 흐리거나 비가 오는 날에도 유용하다. 물론 안전사고에 유의할 것.

Q&A

Q 침낭과 매트리스의 경우 선택하기 너무 애매합니다. 가족 단위 오토캠핑에 적합한 것은 어떤 것인가요?

A 산악캠핑이 아니라 오토캠핑이라는 사실을 상기하세요. 전기장판이나 난로 등 추위에 대한 별도의 대비책을 할 수 있어요. 물론 산악용으로 사용하는 두툼한 오리털 침낭을 구입하는 것이 좋겠지만 너무 비싸요. 동계캠핑을 즐기지 않는다면 3계절용 침낭이면 충분하죠.

침낭은 브랜드 있는 것을 추천합니다. 매트리스는 개인 취향에 따라 다양합니다. 기본적인 것은 이너매트와 발포매트입니다. 추가하자면 콜맨의 레저 시트가 활용도가 좋아요. 이너매트와 발포매트 위에 깔거나 야외 활동 시 돗자리로도 활용할 수 있죠. 바닥 모드가 아니라 야전침대를 이용하기도 하니 참고하세요.

자연을 밝히는은은한 불빛

랜턴

캠핑장에서 맞이하는 어둠은 상상 이상이다. 자연의 어둠은 아주 칠흑 같다. 이럴 때 유용한 장비가 바로 랜턴이다. 랜턴은 야외에서 어둠을 밝히고, 야간 활동을 가능하게 해주는 중요한 장비이다. 또한 캠핑의 밤을 은은하게 밝혀주는 매력적이고 따뜻한 불빛이기도 하다. 흔히 볼 수 있는 전기등과는 확실히 다른 멋을 지니고 있다. 랜턴은 종류가 다양하므로 광량이나 사용 연료, 사용 장소 등을 잘 따져보고 고르는 것이 좋다.

랜턴의 종류

랜턴은 사용 연료에 따라 가솔린, 가스, 전지 랜턴이 있다. 가솔린 랜턴은 본체에 달린 연료통에 화이트 가솔린을 채워주는 랜턴이고, 가스 랜턴은 본체에 가스를 연결해 주는 랜턴이다. 전지 랜턴은 건전지를 넣어 사용하는 랜턴이다. 가솔린, 가스 랜턴은 전지 랜턴보다 훨씬 광량이 뛰어나고 일정하나 연소형 연료라 실내에서는 위험하다. 전지 랜턴은 연소형이 아니어서 안전하지만 건전지 소모량이 많아 연료의 효율이 떨어진다는 단점이 있다. 주로 텐트 안이나 테이블 위에서 보조등으로 사용한다.

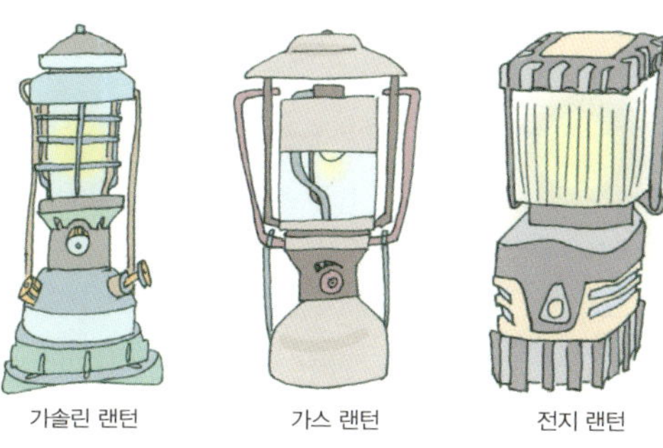

가솔린 랜턴　　가스 랜턴　　전지 랜턴

보조등의 종류

전지 랜턴은 연료 효율이 좋지 않지만 깨지거나 화재의 위험이 적어 보조등으로 많이 사용한다. 보조등의 쓰임새로는 텐트나 거실텐트 안에서 사용하는 실내등, 야간 이동 시 손전등, 늦은 밤 캠핑장 사이트 구축 시 손이 자유로워 편리한 헤드 랜턴, 야간 작업 시 가장 손쉽게 사이트를 밝힐 수 있는 작업등 등이 있다. 아이들이 쓰기에도 안전해서 아이들이 있는 경우 꼭 필요하다.

건전지 랜턴의 경우 건전지 소모량이 많아서 비경제적이지만, 안전성과 편리함에 있어서는 단연 최고다. 이럴 경우 충전식 건전지를 사용하면 훨씬 경제적이고, 그 외에 USB 등에 꽂아 충전해서 사용하는 랜턴들도 있다. 요즘은 캠핑장에도 전기 시설이 잘 되어 있으므로 릴선 등을 준비해 전기등을 사용하는 경우도 많다.

작업등 다목적 LED 랜턴 헤드랜턴

랜턴 보조용품

캠핑장에서 랜턴을 좀더 편리하게 사용하는 데 필요한 보조기구들이 있다. 랜턴은 우리의 시선보다 높은 곳에 설치해야 좀더 넓게 사이트를 밝힐 수 있으므로 랜턴을 걸어두는 랜턴걸이가 필요하다. 랜턴홀더, 랜턴 스탠드, 파일드라이브가 그것이다. 타프의 굵은 폴 등에 끼워 랜턴을 걸어두는 것이 랜턴홀더, 삼각대 모양으로 생긴 랜턴스탠드, 땅에 직접 박아 기둥을 세우고 랜턴을 거는 것이 파일드라이브다. 리플렉터는 랜턴 상부에 씌워 랜턴의 불빛이 다른 곳으로 퍼져나가는 것을 막아준다. 랜턴을 필요한 곳에 좀더 밝게 사용할 수 있다.

GLOBE
MADE IN GERMANY FOR
Coleman

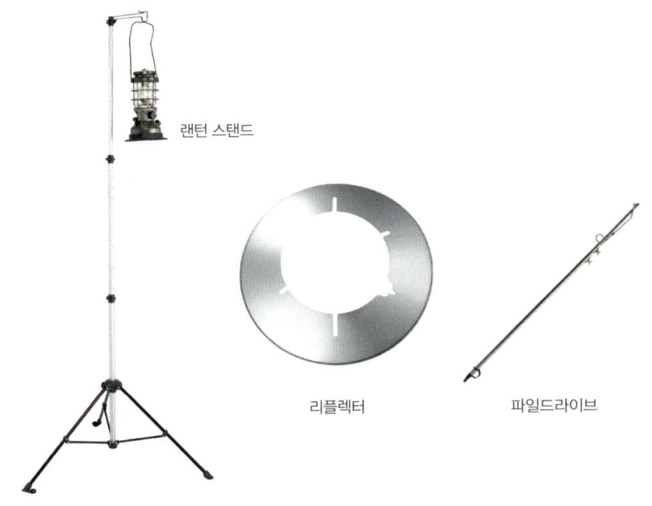

+ 아이들이 있는 경우 랜턴 스탠드나 파일드라이브에 걸려 넘어지는 경우가 종종 있다. 랜턴 스탠드는 다리가 삼각대 모양이어서 다리에 걸려 넘어지는 경우가 잦다. 그래서 파일드라이브가 유용하게 쓰이기도 한다. 랜턴홀더는 랜턴을 거는 경우 외에도 그릇망이나 가방 등을 걸어 말리거나 깔끔하게 정리할 수 있는 용도로도 활용된다. 파일드라이브 2개에 스트링을 연결해 침낭이나 젖은 수건을 말리기도 한다. 쓰임새가 다양하니 눈여겨 봐두자.

사용 시 주의할 점

랜턴을 다룰 때 조심해야 하는 부분은 글로브와 맨틀이다. 글로브는 유리로 되어 있어 깨지기 쉬우니 조심할 것. 맨틀은 랜턴이 빛을 내도록 하는 심지로, 랜턴에 끼워 한 번 태워주어야 빛을 낸다. 한 번 태워준 맨틀은 아주 약해서 이동 중이나 케이스에 넣고 뺄 때 충격을 받으면 쉽게 부서진다. 맨틀이 깨지거나 구멍이 난 경우에는 반드시 바꿔주어야 한다. 그렇지 않으면 불꽃이 빠져나와 글로브를 달궈 깨지게 만든다. 맨틀은 랜턴의 크기와 종류에 따라 모양과

꼼꼼조언 랜턴을 구입할 때 메인 랜턴 하나 정도는 가격이 비싸더라도 밝고 오래 쓸 수 있는 것으로 준비하는 것이 좋다. 랜턴은 깨지지 않게 조심해서 다루어야 하므로, 전용 수납 케이스에 넣어 보관하는 것이 가장 좋다. 혹 수납케이스가 별매일 경우 함께 구입하도록 하자. 또한 랜턴은 깨지기 쉽기 때문에 A/S나 부품 구입이 쉬운 브랜드로 구입하는 것이 사용시 편리하다.

크기가 다르므로, 자신의 랜턴에 맞는 것을 골라야 한다. 또한 소모품이므로, 부서질 것에 대비해 항상 여분을 준비해두자.

추천 랜턴 콜맨 노스스타 가솔린 랜턴 + 스노우피크 호즈키

콜맨의 노스스타는 오랜 역사와 기술을 자랑합니다. 노스스타의 광량과 불빛은 믿음직해요. 가솔린 랜턴이 좀 번거롭기는 하지만, 기온이 떨어져도 야외에서 안심하고 사용할 수 있는 랜턴이죠. 메인 랜턴으로 추천합니다. 호즈키는 개인적인 차이는 있지만, 어린아이가 있는 경우 위험하지 않고 사용이 편리해 좋아요. 가정에서도 스탠드 대용으로 사용할 수 있고, 충전식 전지를 쓰거나 USB 연결로 충전도 가능해요. 가격이 좀 비싸지만, 호즈키의 매력은 눈부시지 않은 따뜻한 불빛이에요.

Q&A

Q 대체로 랜턴은 몇 개가 필요한가요? 종류별로 다 필요한가요?

A 종류별로 다 필요하진 않지만, 결국 시간이 지나면 종류별로 갖추게 됩니다. 아이가 있는 경우 더욱 그렇죠. 4인 가족의 경우 2~3개 정도가 필요합니다. 메인 1~2개, 보조등이 되겠죠. 대형 랜턴은 타프 폴 등에 걸어 사이트 전체를 밝히는 용도로, 소형 랜턴은 키친테이블이나 테이블 위에, 텐트 안 같은 실내엔 건전지 랜턴을 준비하면 가장 이상적인 조합이 됩니다. 작업등은 하나 정도 구비해놓으면 비상시에 유용해요. 가장 밝은 랜턴은 사이트에서 조금 떨어진 곳에 설치하면 여름철 날벌레들을 유인해주어 안전한 사이트를 만들어주니 참고하세요.

깐깐 비교

콜맨 노스스타 가솔린랜턴

뛰어난 광량과 기온에 관계 없이 일정한 밝기를 가지고 있는 랜턴의 가장 대표적인 제품. 화이트 가솔린을 사용하며, 펌핑을 해주면 더 밝아진다. 오랫동안 캠퍼들에게 사랑받아온 랜턴.

콜맨 노스스타 LP랜턴

가솔린 대신 이소가스를 사용하는 랜턴. 수납케이스가 포함되어 있어 실용적이고, 맨틀을 장착하고 원터치 점화가 가능하다. 가솔린 랜턴보다 편리한 것이 장점.

코베아 뉴갤럭시 가스랜턴

사용이 편리한 가스 랜턴. 가격이 저렴하고, 메인 랜턴으로도 손색없음. 어댑터가 들어 있어 장착하면 220g짜리 부탄가스도 사용 가능하다. 랜턴 받침대가 있어 바닥에 놓을 때도 안정감이 있어 실용적이다.

코베아 썬더3(충전용)

코베아 썬더 시리즈 랜턴은 건전지 랜턴이다. 건전지의 연료 소모가 큰 것이 건전지 랜턴의 단점인데, 그것을 보완한 충전용 랜턴이다. 카플러그나 가정에서 충전이 가능하고, 배터리가 포함되어 있다. 상단 캡을 분리하면 조명등으로 사용이 가능하고, 뒤집어 카라비너에 걸면 실내등으로 활용할 수 있는 LED 랜턴.

콜맨 LED 쿼드 랜턴

테이블 위에 놓고 쓰다가 필요 시 하나씩 떼어 들고 움직일 수 있는 보조랜턴. 4개로 분리가 되는 LED 랜턴. 본체로 다시 부착하면 자동으로 충전을 시작한다.

스노우피크 호즈키

밝기 조절과 따뜻한 불빛을 자랑하는 건전지 실내등. 충전지, USB 충전 가능. 눈부시지 않은 불빛과 세련된 디자인이 매력적이다.

주방의 든든한 지킴이
스토브

캠핑을 생각하면 가장 먼저 떠오르는 장면은 온 가족이 둘러 앉아 맛있는 음식을 먹으며 웃음꽃을 피우는 모습이 아닐까. 그 즐거움의 시작은 스토브에 있다. 캠핑장의 주방을 지켜주는 든든한 화력. 그것이 바로 스토브다.

스토브의 종류

스토브는 화구 수에 따라 화구가 한 개인 원버너 스토브와 두 개인 투버너 스토브가 있다. 원버너 스토브는 우리가 자주 보는 일명 부르스타와 산악용으로 쓰는 휴대가 간편한 접이식 원버너가 있다. 투버너 스토브는 가정용 가스레인지를 축소해놓은 것으로, 여러 가지 요리를 동시에 할 수 있어 가족 단위의 캠핑에서는 대부분 투버너 스토브를 쓴다.

스토브는 사용 연료에 따라 기름 스토브와 가스 스토브가 있고, 각 스토브는 연료의 장착 방법과 모양에 따라 일체형과 호스형이 있다. 기름 스토브의 연료는 화이트 가솔린, 무연휘발류, 등유가 있다. 기름 스토브는 가스 스토브에 비해 날씨와 기온에 관계없이 화력이 일정하다는 장점이 있다. 그러나 연료를 연

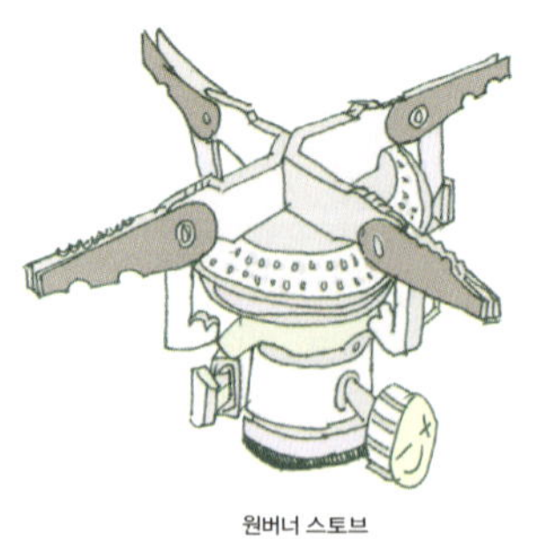
원버너 스토브

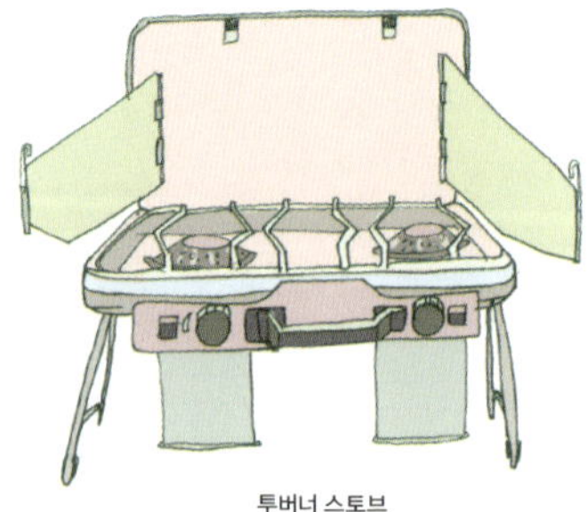
투버너 스토브

PRINCE gas
프린스가스
snow peak

료통에 따로 채워야 하고, 펌핑을 해서 압력을 높여주어야 한다는 점, 점화와 불조절이 번거롭고, 쉽지 않다는 것이 단점이다.

가스 스토브는 부탄, 이소부탄 등의 연료를 사용한다. 연료를 따로 채울 필요 없이 화구 아래에 가스를 돌려 끼워주기만 하면 되기 때문에 간편하고, 원터치로 점화가 가능해 가솔린 스토브에 비해 훨씬 사용하기 편리하다는 장점이 있다. 그러나 비가 오거나 날씨가 흐려 기온이 떨어지면 가스 스토브의 화력은 제 역할을 하지 못한다는 단점이 있다.

가스 스토브의 이런 단점을 보완해 나온 것이 바로 액출식 가스 스토브다. 액출식 가스 스토브는 기온이 낮아도 가스가 액화되는 것을 도와 가스 스토브의 약한 화력을 보완한 스토브다. 기본 가스 스토브보다 가격이 2배 이상 비싸다는 단점이 있다.

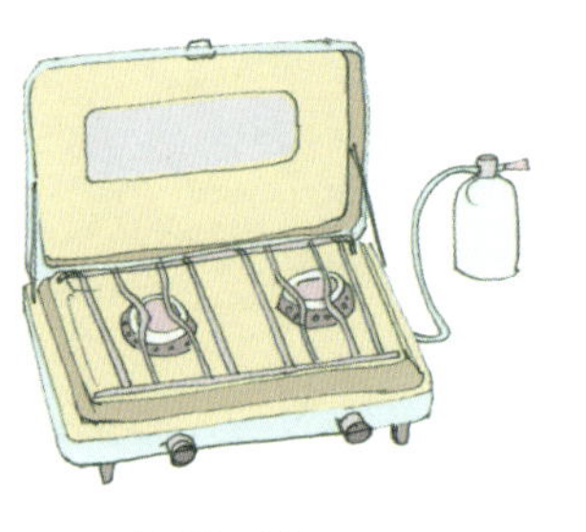

호스형 투버너 스토브

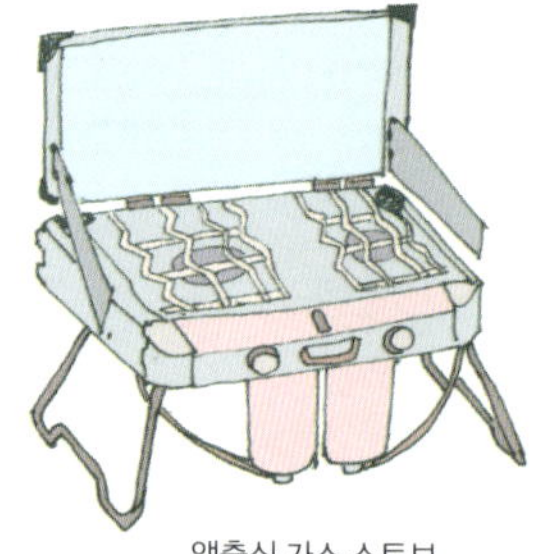

액출식 가스 스토브

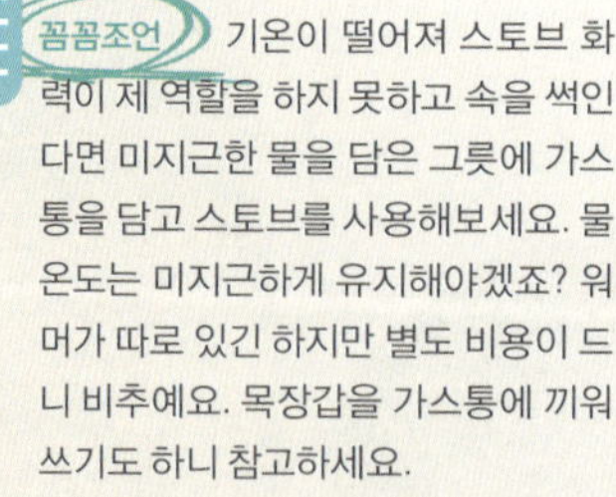

꼼꼼조언 기온이 떨어져 스토브 화력이 제 역할을 하지 못하고 속을 썩인다면 미지근한 물을 담은 그릇에 가스통을 담고 스토브를 사용해보세요. 물 온도는 미지근하게 유지해야겠죠? 워머가 따로 있긴 하지만 별도 비용이 드니 비추예요. 목장갑을 가스통에 끼워 쓰기도 하니 참고하세요.

스토브를 고를 때는 화력이 어느 정도인지, 연료의 효율과 사용, 관리의 편리성, 수납 크기 등을 고려해 고르는 것이 좋다.

+ 스토브를 사용할 때, 구비해 두면 편리한 보조 도구들이 있으니 참고하자.

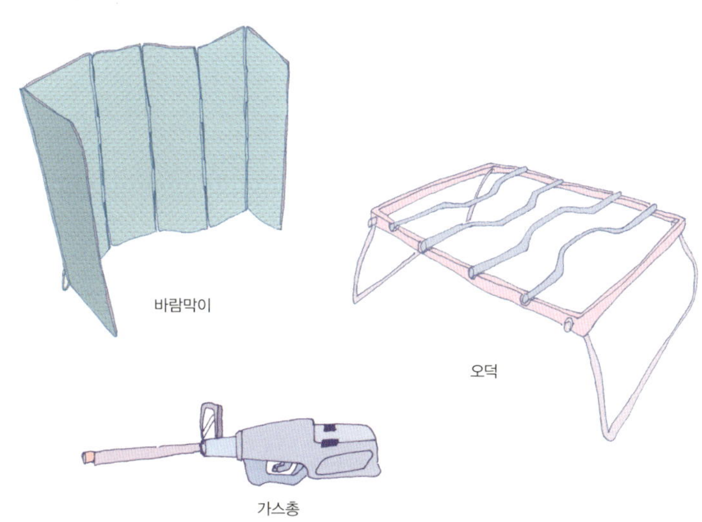

원버너 활용 노하우

원버너 스토브는 투버너 스토브에 비해 수납과 가격, 사용상 편의성이 뛰어나 원버너 두 개를 사용하는 캠퍼들도 많다. 그렇지 않으면 예비용으로 준비해두는 경우가 많다. 캠핑장에서 스토브가 말썽부려 난감할 때나, 아이들과 사이트에서 떨어진 물놀이나 트레킹을 나갔을 때 간단히 물이나 라면을 끓이면 아주 편리하다. 수납 크기가 작아 있는 듯 없는 듯 유용한 장비다.

추천 스토브 콜맨 파워하우스 LP 투버너 스토브

캠핑 시 가장 사용하기 편한 스토브는 가스 스토브죠. 가스를 장착하기만 하면 되고, 원터치로 점화가 가능하기 때문이에요. 단점은 기온이 떨어지면 화력이 약해진다는 것이죠. 그것을 보완한 것이 액출 스토브지만, 상대적으로 가격이 비쌉니다. 텐트가 거실텐트라면 텐트 안에서 사용하면 약한 화력을 보완할 수 있고, 또 다른 방법은 가솔린 원버너 스토브를 예비용으로 준비해두고 활용하는 것입니다. 원버너는 부피도 작아 수납에도 유리하니 참고하세요.

Q&A

Q 스토브와 랜턴의 연료통일 꼭 해야 하나요? 이유가 무엇인가요?

A 스토브와 랜턴의 연료통일은 캠핑 시 짐을 줄이기 위해서입니다. 많은 장비들을 차에 실어야 하기 때문에 짐을 줄이는 것과 효율적인 수납은 무척 중요하죠. 스토브와 랜턴의 연료는 캠핑장 사정에 따라 연료 사용량을 정확히 가늠할 수 없기 때문에 여분의 연료를 더 준비해야 합니다. 이런 상황에서 연료를 통일하게 되면, 한 가지 연료만 충분히 준비하면 되므로 짐도 줄고, 번거롭지 않죠. 그러나 경험상 장비들을 제품 위주로 보다 보면, 두 가지 정도의 연료는 가지고 다니게 됩니다. 혹 겨울캠핑을 할 생각이라면 난로까지 포함해서 생각하세요.

콜맨 가솔린 콤팩트 투버너 스토브

대표적인 가솔린 스토브. 초보자는 사용하는 데 불편하며 익숙해지는 데 시간이 좀 걸린다. 기온에 관계없이 유지되는 화력이 장점이다.

콜맨 파워하우스 LP 투버너 스토브

원터치 점화가 가능하여 사용하기 편리한 가스 스토브. 본체 아래 가스를 돌려 끼워주면 된다. 캠핑 시작 시 가장 보편적으로 사용하는 투버너 스토브.

스노우피크 플레이트 원버너 스토브

IGT에 맞도록 만들어진 플레이트 형식의 액출 원버너 스토브. IGT 미사용 시 다리를 펼쳐 테이블 위에서 사용할 수 있도록하여 활용도가 높다.

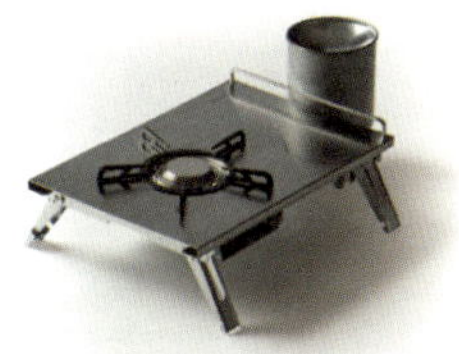

코베아 바바리안 호스 트윈 스토브

가격이 저렴하고 가스 스토브의 기술을 자랑하는 기본적인 투버너 스토브. 호스를 연결해서 사용하기 때문에 스토브 거치대는 사용하기 힘들고, 테이블 위에 올려 사용해야 한다.

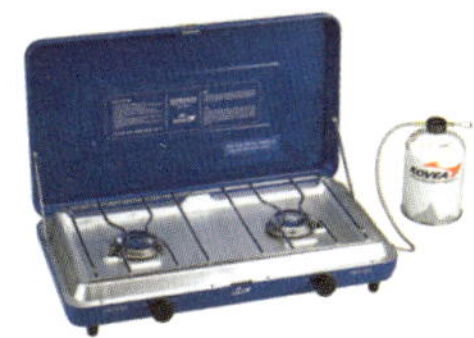

코베아 AL 2 쉐프 마스터 호스 트윈 액출 스토브

가스 스토브의 단점을 보완한 액출식 스토브. 디자인도 세련되다. 일반 가스보다 액출 스토브는 가격이 높다는 걸 감안하자.

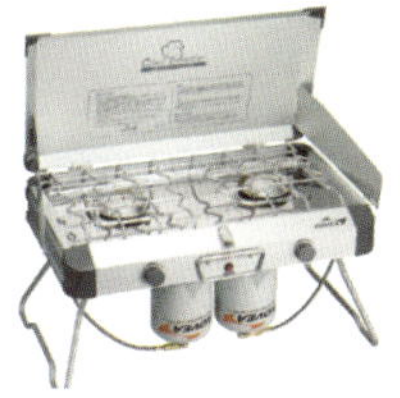

깔끔한 주방을 책임지는 정리정돈의 귀재
키친테이블

캠핑장을 둘러보면 캠퍼들의 톡톡 튀는 아이디어들을 자주 볼 수 있다. 텐트 수만큼이나 다양한 사이트 구성이나 장비 활용법들이 무궁무진하다. 그중 하나가 캠핑 주방의 인테리어다. 캠핑장에서 종종 조리도구며, 식기, 식재료들이 여기저기 어지럽게 자리하고 있거나 박스 안에 뒤섞여 찾기 어려워지는 모습들을 볼 수 있는데, 이런 것들을 수납하고, 깔끔한 주방을 책임지는 장비가 바로 키친테이블이다. 키친테이블은 캠퍼들의 캠핑 스타일에 따라 꼭 필요한 필수 장비가 될 수도, 그렇지 않을 수도 있으므로, 자신의 주방을 어떻게 구성할 것인가를 먼저 생각해보도록 하자.

키친테이블의 종류

키친테이블은 상판 재질에 따라 대나무, 합판, 알루미늄, 스테인리스가 있는데, 각각의 장점과 단점을 고려해야 한다. 재질은 테이블을 고를 때와 같이 생각하면 되고, 키친테이블의 경우는 그 구성이 어떤지 꼼꼼히 살펴봐야 한다. 키친테이블은 요리를 위해 스토브의 사용이 잦고, 뜨거운 것을 올려두고 조리 시 음식물이 튈 경우 자주 닦아야 하는 점 등을 고려해 살펴보는 것이 좋다.
키친테이블은 음식을 만들 수 있는 조리대와 스토브를 올려놓는 스토브 거치대, 식재료와 식기를 보관할 수 있는 수납 그물, 여러 가지 조리 도구들을 사용하기 편리하게 걸어두는 조리도구 거치대 등으로 구성되어 있다. 제품에 따라서는 어둠 속에서 요리할 경우를 대비해 랜턴걸이가 부착되어 있는 것도 있다. 따라서 텐트나 타프의 공간을 잘 생각하여 주방 공간을 어떻게, 얼마만큼 사용할 것인지를 따져보고 자신의 상황에 맞는 크기나 종류의 테이블을 고르는 것이 무엇보다 중요하다.

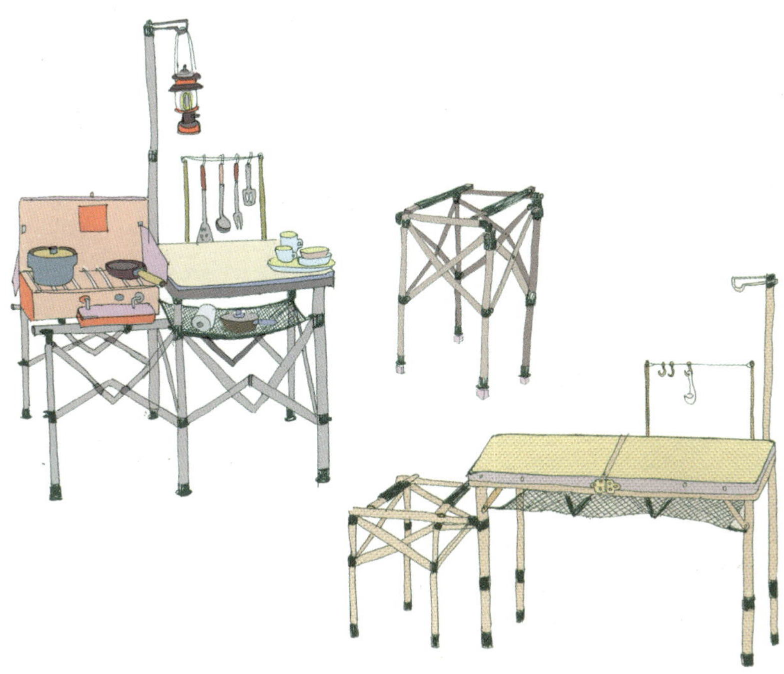

시스템키친

스노우피크의 시스템키친을 빼놓을 수 없다. 정확한 명칭은 IGT(Iron Grill Table)인데, 워낙 독보적이어서 시스템키친을 모두 IGT 대표명칭으로 사용하고 있다. 시스템키친은 캠핑테이블과 키친테이블의 기능을 합쳐놓은 것으로, 원하는 기능만을 골라 자신이 직접 세팅할 수 있고, 스노우피크 주방 제품들 모두가 호환이 되도록 만들어놓은 제품이다. 온 가족이 모두 모여 앉아 함께 음식 준비를 참여하며 즐길 수 있다는 점과 앉아서 요리를 할 수 있다는 장점이 있다. 그러나 상판이 대나무 재질이어서 무게가 무겁고, 수납 부피가 크다. 스토브가 IGT 크기에 맞아야 하기 때문에 타사 제품과 호환이 되지 않으므로, 고가의 자사 스토브를 선택해야 하는 점도 고려해야 한다. 타사 스토브는 거치대가 있어야 호환이 된다는 점을 참고하자.

+ IGT는 이러한 점들에도 불구하고, 많은 캠퍼들의 사랑을 받고 있다. 특히 여성 캠퍼들에게는 더욱 그렇다. 워낙 아이디어가 뛰어나고, 디자인이 세련되기 때문이다. IGT를 생각하고 있다면, 무게와 수납을 염두에 두면서 IGT 구성들 중에서 가격을 절약할 수 있고, 우리 가족 캠핑 스타일에 맞는 구성을 여러 가지로 고민해보는 것이 좋다.

다양한 IGT 활용 방법

키친테이블 구입 노하우

텐트나 타프를 정했다면, 키친테이블 구입 전에 공간을 상상해보세요. 가족 수와 캠핑 스타일에 따라 공간을 세팅할 다른 장비들도 함께 고려해서 밑그림을 그려보는 것도 좋아요. 좌식으로 할지, 입식으로 할지, 혹은 로우 스타일로 할지의 여부도 테이블과 키친테이블, 의자 등을 선택하는 데 중요한 요소예요. 그리고 여러 가지를 고려하다 보면 꼭 키친테이블이 필요하지 않는 경우도 있답니다.

추천 키친테이블 콜맨 콤팩트 키친테이블

콜맨 콤팩트 키친테이블은 알루미늄 상판에 가장 기본적인 키친테이블이에요. 조리 시 식재료들로 지저분해진 테이블을 자주 닦아주어야 한다는 점을 생각하면 알루미늄 키친테이블이 가장 편리하죠. 처음 캠핑을 시작하는 분이라면 이 키친테이블을 추천해요. 이 테이블을 사용해보다가 좀더 괜찮은 키친테이블이 눈에 들어온다면 그때 자신의 스타일에 맞게 세팅하셔도 좋아요. 대나무 재질의 상판 키친테이블이 고급스러워 보이기 때문에 무거운 무게에도 불구하고 많은 제품들이 나와 있어요. 참고해 보세요.

Q&A

Q IGT의 경우 워낙 종류가 많아 고르기 정말 힘들어요. 가격도 워낙 고가여서 어떻게 구성하는 것이 가장 실용적일까요?

A 개인적으로 IGT 구성은 롱보다 레귤러를, 로우 스타일이 아니라면 660을, 660 프레임이라면 가장 가격이 저렴한 660 다리 세트를, 스노우피크 칼도마세트가 있다면 스텐 트레이를 추천해요. 4인 가족이라면 멀티 펑션 테이블 레귤러 1개를 추천하며, 요즘은 슬라이드 상판은 하프밖에 나오지 않으니 테이블 확장으로 활용하기에는 별로예요. 테이블 레귤러 사이즈가 작다고 여기지만, 롱을 구입한 캠퍼들 대부분이 무게와 수납에 못 이겨 내놓는 경우가 많아요. 부족하다고 여겨지면 사이드 테이블로 보충해보세요. 아울러 기존의 스토브가 IGT 크기에 맞기를 간절히 바라요. 요즘은 스노우피크 외에도 비슷한 시스템키친 제품들이 있으니 그것도 참고하세요.

깐깐 비교

콜맨 콤팩트 키친테이블

가장 기본적인 키친테이블. 그러나 키친테이블의 필요한 요소를 모두 갖춘 실용적인 키친테이블.

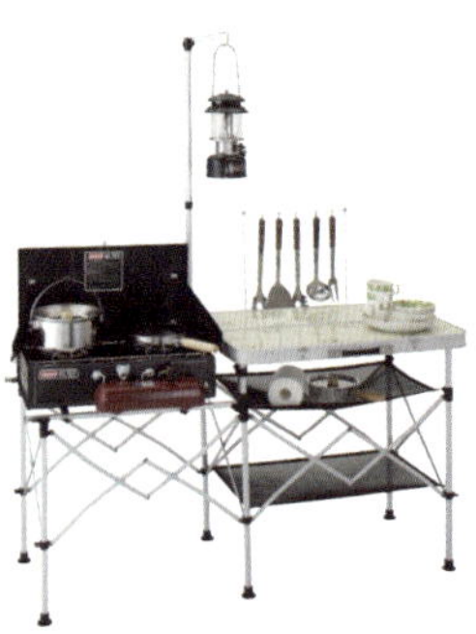

콜맨 컴포트마스터 원터치 키친테이블

상판이 대나무 재질인 원터치 키친테이블. 상대적으로 무게가 무겁지만, 올인원 키친테이블. 대나무 상판이라 가격이 상대적으로 높은 편이다.

스노우피크 필드키친테이블

조리대와 수납만 가능하게 만든 대나무 상판 키친테이블. 서서 요리하기에 가장 편한 높이 80cm를 자랑한다.

유니프레임 키친스탠드2

키친테이블의 특성상 요리 시 지저분해질 수 있는 테이블 상판을 자주 닦기 편하도록 스테인리스로 만든 키친 테이블. 깔끔하다. 유니프레임 키친테이블은 상판이 대나무로 된 것도 있으니 함께 살펴보자.

조리 용기의 어메이징한 부피 줄이기

코펠

코펠은 야외용 조리 용기이다. 물론 캠핑장에서도 가정에서 쓰던 냄비나 식기로 충분히 요리가 가능하지만, 차 안 가득한 짐들을 생각해 보면 코펠이 해결해주는 어메이징한 부피는 참 사랑스럽다. 이 코펠 세트 하나면 몇 개의 쿠커와 프라이팬, 4인 가족 수만큼 포개지는 식기와 주전자까지 깔끔하게 하나로 묶어낼 수 있다. 코펠은 종류에 따라 재질과 구성, 크기가 워낙 다양하기 때문에 자신에게 필요한 구성과 가격을 고려해서 선택하는 게 좋다.

코펠의 종류

연질, 경질 코펠 알루미늄의 강도에 따라 구분된다. 재질이 연한 알루미늄을 사용한 것이 연질, 강도를 높인 것이 경질 알루미늄 코펠이다. 연질 코펠은 경질에 비해 찌그러지거나 부식될 확률이 그만큼 높다. 코펠을 구입하려면 적어도 경질 이상 되는 코펠 구입을 권장한다. 세라믹 코펠은 알루미늄을 세라믹 코팅한 제품이다. 연질, 경질 코펠에 비해 열효율도 뛰어나고, 세척도 편하다. 세척을 할 땐 코팅이 벗겨지지 않도록 조심하는 것이 좋다.

스테인리스 코펠 표면에 산화 방지막이 있어 부식에 강하고, 강도도 뛰어나다. 다른 제품에 비해 크기도 다양하며, 바닥에 알루미늄을 덧댄 이중 코팅 제품도 있다. 다른 코펠에 비해 구성과 가격이 다양하기 때문에 꼼꼼히 비교해 보아야 한다. 스테인리스 코펠은 식기가 포함되어 있지 않고 대신 바스켓이 포함되어 있으며, 프라이팬이나 쿠커의 손잡이가 탈부착형식으로 되어 있어 수납이 편리하다.

티타늄 코펠 가장 가벼운 소재이지만, 가장 강도가 높고, 열전도율도 좋아 컵에도 사용이 된다. 티타늄 코펠은 가족 단위 캠핑용보다는 주로 솔로 캠핑용이나 등산용 제품이 나와 있다.

연질 코펠

경질 코펠

스테인리스 코펠

세라믹 코펠

콜맨 3레이어 스태킹 쿠커세트 L

+ 알루미늄 코펠의 매력은 가격의 적정성이다. 알루미늄 코펠을 선택할 경우 크기를 고려해야 한다. 아이가 있는 3인 가족 이상이라면 가장 크기가 큰 7~8인용을 적극 추천한다.

추천 코펠 콜맨 3레이어 스태킹 쿠커 세트 L

일반 코펠보다 구성이 좋아요. 크기도, 가격도 적당하죠. 손잡이가 탈부착되어 수납도 편해요. 쿠커의 크기가 커서 웬만한 식기와 주전자는 쿠커 속에 함께 수납이 가능한 것도 실용적이에요. 2가족 캠핑 시에도 그 실력을 발휘합니다.

Q&A

Q 캠퍼들이 가장 선호하는 코펠은 어떤 것인가요? 종류가 많아 정말 고민돼요.

A 캠퍼들이 가장 선호하는 코펠이 스테인리스 코펠이에요. 요리를 하는 입장에서 볼 때 사용효율면에서 가장 구성이 좋아요. 바스켓이 포함되어 있는 것이나 쿠커의 손잡이가 탈부착되어 수납이 편한 것은 아주 마음에 드는 점이죠. 알루미늄 코펠 세트에 포함되어 있는 식기는 재질이 플라스틱이어서 뜨거운 음식을 담게 될 경우 잘 안 쓰게 되더군요. 그래서 많은 캠퍼들이 식기류를 따로 구입하게 된답니다. 코펠의 가격은 재질에 따라 티타늄〉스테인리스〉세라믹〉경질〉연질 순이에요. 가벼우면서 강할수록 가격이 비싸지죠. 구성과 가격을 잘 비교해 보고 선택하세요.

유니프레임 fan5 duo

fan5 DX의 미니 사이즈. 대형냄비, 한손냄비, 프라이팬, 미니 라이스쿠커, 바스켓으로 구성. 1~3인용이라고 하지만 4인 가족 단출하게 사용하는 데 불편함이 없다. 유니프레임 fan 시리즈는 구성은 좋지만, 그만큼 가격도 높다. 좀 더 크기가 큰 fan 5 DX도 있으니 참고하자.

콜맨 3레이어 스태킹 쿠커 세트 L

대형냄비, 한손냄비, 바스켓, 프라이팬으로 구성된 3중바닥 쿠커 세트. 가격도 적정하고, 구성도 사용하는 데 불편 없다. 2가족 캠핑 시 이 제품 하나와 다른 코펠 세트 하나면 걱정 없다.

코베아 패밀리 스테인리스 디럭스 XL

대중소 크기의 코펠, 프라이팬으로 구성된 스테인리스 코펠세트. 바스켓이 없는 것이 좀 아쉽지만, 쿠커 하나에 눈금 표시가 되어 있어 라이스 쿠커로 편리하다. 팬은 손잡이 탈부착으로 수납력을 높임.

코베아 세라믹 78

세라믹코팅된 알루미늄 코펠 세트 7~8인용. 대중소 크기의 코펠, 손잡이 탈부착 스테인리스 주전자, 플라스틱 접시와 그릇, 국자 주걱이 포함된 세트. 플라스틱 식기는 잘 사용하지 않게 된다.

건강과 편리함을 챙겨라

식기 & 조리 도구

C A M P I N G

캠핑장에서 사용하는 식기는 가정에서 사용하는 것을 써도 무방하다. 수납하기 편하도록 그릇끼리 포개지고, 가벼운 것이면 더욱 좋다. 대부분 코펠 세트에 포함된 것을 쓰거나 아웃도어용 식기 세트를 따로 구입해서 사용한다.

식기와 조리 도구는 제품들이 다양하므로 인원수와 취향에 따라 고르도록 한다. 단, 부피는 작지만 은근히 수납이 까다로우므로 수납 가방이나 케이스를 꼭 마련할 것.

추천 식기 & 조리 도구

스노우피크 식기 세트 L 패밀리 스노우피크 식기 세트는 4인 가족에 맞게 구성되어 있고, 디자인도 세련되어 가격은 좀 비싸지만 많은 캠퍼들이 찾죠. 공기, 대접, 크기별 접시 세트로 구성되어 있고, 크기별로 포개어 하나의 망에 수납할 수 있게 되어 있어요.

코베아 사각 식기 세트 4pcs 코베아 사각 식기 세트는 국물이 많은 우리 음식에 맞게 깊이가 깊어서 활용하기 좋답니다. 스노우피크 식기 세트에 포함된 접시가 너무 얕아서 국물이 있는 음식은 담기 힘들기 때문에 사각 식기 세트 4개로 보완을 하는 셈이죠.

콜맨 커틀러리 세트 3 콜맨 커틀러리 세트는 손잡이가 나무로 되어 있어 디자인이 세련된 느낌이 들고, 무엇보다 마음에 드는 것은 수납용기가 있다는 것입니다.

스노우피크 칼도마 세트 L 캠핑 시 칼집이 없는 칼을 넣어 다니기가 참 까다롭고 난감한데, 스노우피크 칼도마 세트는 도마의 부피도 줄이고, 도마 안에 칼을 수납할 수 있도록 되어 있어서 무척 편하고 실용적입니다.

Q&A

Q 이런 식기와 조리 도구들은 꼭 아웃도어용을 사야 하나요? 아닐 경우 어떤 것이 좋은가요?

A 식기와 조리 도구들은 꼭 아웃도어용을 살 필요는 없어요. 집에서 사용하던 것이나 식기의 종류가 다양한 그릇 상점을 이용해도 충분하답니다. 단, 그럴 경우 은근히 수납이 까다로운 식기나 수저, 칼 도마 같은 조리 도구들의 수납을 잘 생각하세요.

수저의 경우 간편하고 단단한 수납포켓이나 밀폐용기를, 위험한 칼은 칼집이 있는 것, 식기는 깨지지 않고 잘 포개어지는 것으로, 조리 도구는 작지만 쓸모 있는 것으로, 이왕이면 수납용기를 마련하는 것이 좋아요. 요즘은 아웃도어용이 아니라도 활용이 편리한 아이디어 제품들이 많답니다.

식기세트

스노우피크 식기 세트 L 패밀리

4인 가족 식기 세트로 안성맞춤. 공기, 대접, 크기별 접시로 구성된 식기 세트. 디자인도 세련되어서 많은 캠퍼들이 탐을 낸다.

코베아 스퀘어 테이블웨어 세트 4인용

4인 가족 사각 식기 세트. 국물이 많은 우리나라 음식의 특성에 맞게 깊이가 깊어 활용도가 높다.

코베아 스퀘어 테이블웨어 세트(4pcs)

크기별 4개 사각 접시 세트. 식기를 보충할 때 적당하다. 아주 실용적.

수저

스노우피크 티탄 스푼 세트

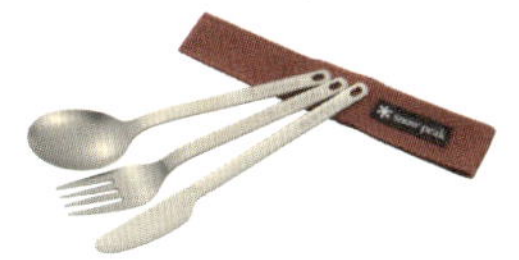

아웃도어용 수저 세트. 스푼과 포크 세트, 스푼 포크 나이프 세트 2가지 구성이 있고, 수납 포켓이 함께 있어 실용적. 티타늄 소재라 무게도 가볍고, 나이프는 보기보다 훨씬 잘 드니 걱정 무.

콜맨 커틀러리 세트 3

수저 선택의 관건은 여러 개의 수저를 한꺼번에 깔끔하게 묶어내는 수납력. 나이프까지 포함된 커틀러리 세트를 수납케이스에 한꺼번에 수납할 수 있다는 큰 장점. 스푼, 포크, 나이프 구성. 캠핑장에서도 나이프가 포함된 커틀러리 세트가 필요하다.

코베아 커틀러리 세트

수납 가방에 커틀러리를 끼워 돌돌 말아 수납하는 형식. 깔끔한 수납 아이디어와 캠핑장에서 사용 시 수납 가방을 반대로 말아 세우면 편하게 꺼내 쓸 수 있도록 오픈이 된다. 스푼, 포크, 젓가락 세트.

칼도마

스노우피크 칼도마 세트

나무로 된 도마를 반으로 접을 수 있도록 해 부피를 줄이고, 그 안에 보관이 까다로운 칼을 넣을 수 있도록 한 칼도마 세트. 정말 아이디어 만점.

키친 툴 세트

스노우피크 키친 툴 세트

스테인리스 국자와 나무주걱, 나무젓가락으로 구성된 키친 툴 세트. 수납케이스에 한꺼번에 수납이 가능해 편리하다.

코베아 키친 툴 세트 M

손잡이가 나무로 된 5종 조리기구 세트. 스푼, 포크, 국자, 뒤집게, 집게로 구성되어 있고, 하나씩 끼워 돌돌 말아 수납하는 수납케이스가 있어 편리하다.

코베아 캠핑 키친웨어

칼도마와 주방 조리도구까지 하나로 묶인 제품. 가격도 저렴하고 수납도 하나로 가능하다는 장점. 조리도구는 이 정도면 충분. 비싼 것 따로 살 필요 없음.

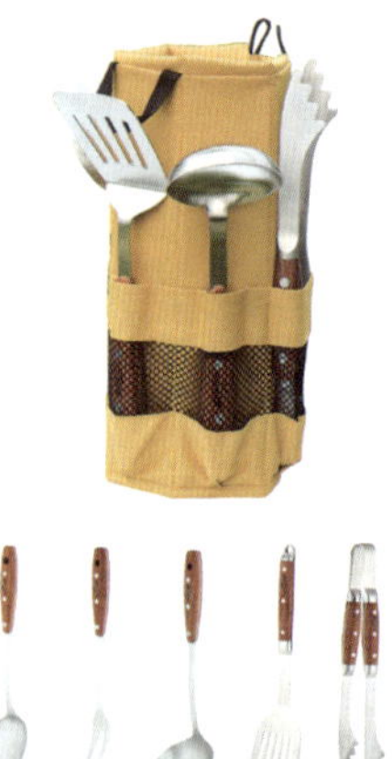

더치오븐은 미국 서부 개척시대에 네덜란드 상인들이 전파한 무쇠로 만든 냄비를 말한다. 복잡한 조리 과정 없이도 음식 맛을 잘 살려주고, 시즈닝과 오랜 사용감으로 반질반질 검은색을 띠고 있어서 '블랙매직', '만능냄비'라는 별명을 갖고 있다. 최근 국내 아웃도어들 사이에 퍼져 많은 사람들이 더치오븐의 매력에 빠져 있다.

더치오븐이 아웃도어 쿠킹의 지존이 된 것은 더치오븐 하나로 여러 가지 요리를 할 수 있다는 점 때문이다. 밥, 찌개, 구이, 볶음, 튀김, 찜, 훈제, 베이킹 등 만능 재주꾼이 따로 없다. 또한 무쇠가 주는 묵직한 무게는 한 번 달궈지면 쉽게 식지 않아 요리 재료의 수분을 지켜주어 음식 맛을 더욱 좋게 만들어준다.

이쯤 되면 더치오븐은 요리에 자신 없는 사람들에게 오히려 더 필요한 장비가 아닐까. 캠핑장에 손님이 찾아왔다면 더치 오븐으로 요리를 시작해보시길. 여러분은 곧 캠핑장의 일류 셰프가 되어 있을 것이다.

더치오븐의 종류

더치오븐은 모양에 따라 두 종류로 나눌 수 있다. 오븐 바닥에 3개의 다리가 있는 캠프 더치오븐과 다리가 없는 가정용 더치오븐이다. 캠프 더치오븐은 야외에서 땔나무나 숯 위에 올려놓아도 냄비가 안정적인 상태가 되도록 하기 위해 다리가 있고, 뜨거워진 냄비를 바닥에 쉽게 놓을 수 있는 장점이 있다. 반면 가정용 더치오븐은 다리가 없기 때문에 가정에서도 가스레인지 위에 올려 사용할 수 있다는 장점이 있다.

더치오븐은 무쇠, 즉 주철로 만들어졌지만, 냄비를 법랑 처리해서 관리를 편리하게 할 수 있도록 한 제품도 있다. 색상이나 모양 면에서 여성들이 탐을 내는 제품인 르쿠르제나 스타우브, 롯지 애나멜 같은 냄비들이 그것이다. 외관이 예뻐서 팟째 서빙이 가능하고, 시즈닝이 필요 없는 등 사용상 장점이 많다. 냄비 안을 놋쇠로 덧댄 더치 오븐도 있다.

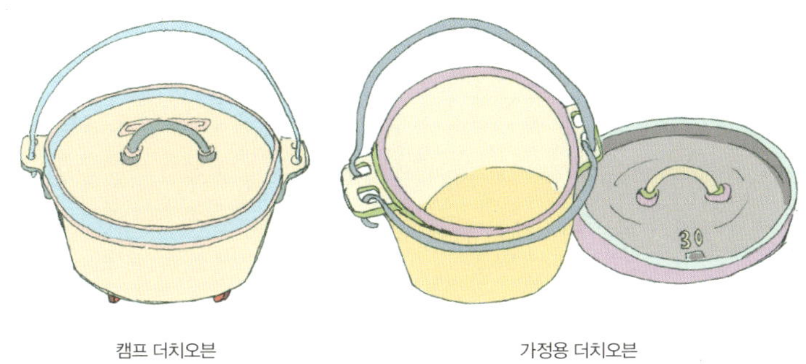

캠프 더치오븐 가정용 더치오븐

스킬렛

스킬렛은 무쇠로 만든 팬이다. 스킬렛도 더치오븐처럼 크기가 다양해서 팬으로도, 더치오븐의 뚜껑으로도 활용된다. 스킬렛의 겉모양은 보통 프라이팬과 같지만 무쇠로 만들어졌기 때문에 더치오븐과 같은 기능을 가지고 있다. 따라서 한 번 예열하면 높은 온도에서 단숨에 식재료를 볶거나 굽는 것이 가능하다. 게다가 묵직한 스킬렛 커버를 덮으면 압력 기능을 이용해 한결 맛있는 찜 요리도 즐길 수 있다. 주방에서 여러 모로 사용하는 만능 프라이팬이다.

+ 더치오븐과 같은 크기의 스킬렛을 구입하면 뚜껑을 같이 사용할 수 있어 효율적이다. 물론 더치오븐의 뚜껑도 우리의 가마솥 뚜껑처럼 뒤집어 팬으로 활용할 수 있다. 단 뚜껑에 돌기가 없을 경우에 한해서다. '마차 스킬렛' 등 스킬렛을 변형해 만든 베이커들도 있으므로 관심을 가져보자. 아웃도어에서 맛있는 빵을 굽는 데 활용할 수 있다.

추천 더치오븐 롯지 10인치 가정용 더치오븐

더치오븐은 처음 사용한다면 10인치 가정용 더치오븐을 추천해요. 가정에서도, 캠핑장에서도 자주 사용하여 손에 익게 하는 것이 더치오븐을 잘 사용하는 것이니까요. 키친 더치오븐은 더치오븐의 원형이기도 합니다. 롯지 제품은 가격 면에서 아주 적정하고, 시즈닝이 되어 나오기 때문에 구입 시 시즈닝을 할 필요가 없어 무척 편하답니다. 초보에게 딱 안성맞춤이죠. 한 가지 아쉬운 점은 롯지 가정용 더치오븐은 캠핑장에서 뚜껑에 숯을 올릴 수 없는 것이에요. 그럴 경우 10인치 캠프 더치오븐 뚜껑만 따로 구입하는 것도 한 방법입니다.

스킬렛

가정에서도 캠핑장에서도 프라이팬 대용으로 사용하기 딱 좋아요. 프라이팬의 코팅이 벗겨져 음식이 눌어붙을까 걱정된다면, 스킬렛을 길들여 두고두고 사용해 보세요. 가마솥 뚜껑의 부침개 맛을 즐기실 수 있을 거예요.

꼼꼼조언 더치오븐도 제품에 따라 스킬렛과 뚜껑의 구성이 다양하므로 잘 비교해보고 구입하세요. 스킬렛이 포함된 세트 제품은 스킬렛을 팬으로도, 포트의 뚜껑으로도 활용해 포트의 깊이를 더 깊게 만드는 역할을 하니까요. 또한 더치오븐을 구입할 때는 무쇠 두께가 일정한지, 포트의 테두리에 오돌토돌한 돌기가 없이 균일한지, 그리고 포트의 균형이 잘 맞는지, 포트나 뚜껑에 구멍이 많이 나 있지는 않은지 등을 잘 살펴보고 고르도록 하세요.

Q&A

Q 더치오븐은 크기에 따라 다양하다고 들었는데, 어떤 종류들이 있나요?

A 더치오븐은 크기도 다양해요. 우선 10인치 이상 되는 더치오븐은 포트의 깊이가 깊은 것을 '딥사이즈'라고 하는데, 딥사이즈는 10인치, 12인치가 가장 보편적이죠. 10인치의 경우 중간 크기의 닭 한 마리가 들어가는 크기예요. 10인치 이상 되는 더치오븐은 고기를 통째로 바비큐할 때나 많은 양의 음식을 만들 때 사용합니다.

10인치 이하의 더치오븐으로는 롯지가 그 명성만큼이나 일찌감치 크기별로 5인치, 6인치, 8인치 등의 서빙 팟들을 선보였고, 스노우피크의 경우는 7인치, 8인치와 마이크로 더치 시리즈들을 모양별(캡슐, 포트, 오벌 등)로 갖추고 있어요. 이렇게 크기가 작은 포트들은 적은 인원의 식사를 단출히 준비할 때나 사이드 요리를 준비할 때 사용하면 아주 편리하죠. 작은 크기의 포트들은 더치오븐에 비해 상대적으로 무게도 가볍고, 포트째 서빙할 수도 있는 등 활용도가 좋습니다. 물론 시즈닝도 간편하고, 한 가족 캠핑에 번거롭지 않아 무척 좋답니다.

더치오븐 시즈닝

시즈닝이란 간단히 말하면 '무쇠 길들이기'이다. 더치오븐은 무쇠로 만들어져 녹이 잘 슨다. 그래서 처음 구입 시 녹방지 왁스 코팅이 되어 있는데, 이를 제거하는 시즈닝과 더치오븐 사용 후 녹 방지를 위해 간단한 시즈닝을 해주어야만 한다. 더치오븐 구입을 꺼리거나, 구입했다 하더라도 묵혀두고 활용하지 못하는 경우가 많은 이유가 바로 이 시즈닝 때문이다. 한 마디로 번거롭다. 하지만 무쇠 길들이기에 성공하고 나면 더치오븐이 캠핑장에서 우리에게 주는 즐거움은 정말 무한하다. 마음의 준비가 되었다면 만능 냄비 섭렵에 용기를 가지고 도전해보자.

처음 구입 시 시즈닝

왁스 제거

- 더치오븐에 뜨거운 물을 붓고 씻은 뒤, 세제를 묻힌 스펀지 수세미로 문질러 왁스를 제거한다.
- 세제를 깨끗이 씻어낸다.
- 키친타월이나 마른 행주로 더치오븐의 물기를 말끔히 제거한다.

시즈닝

- 더치오븐을 달구면서 키친타월이나 헝겊에 식물성 기름(올리브유 등)을 얇게 펴 바른다.
- 하얀 연기가 날 때까지 더치오븐을 달군다.
- 표면에 기름기가 없어지면 불을 끄고 식힌다.
- 이 과정을 3~4번 반복한다.
- 더치오븐의 바깥과 뚜껑도 같은 방법으로 시즈닝한다.

쇠 냄새 제거

- 파, 마늘, 양파, 생강 등 향이 짙은 채소들을 썰어 더치오븐에 넣고 볶아준다.
- 채소들이 노릇해질 때까지 볶이면, 볶은 채소는 버린다.

사용 후 시즈닝

- 더치오븐에 따뜻한 물을 붓고 팔팔 끓인다.
- 베이킹소다를 넣는다. 이때 생기는 거품이 더러움을 대부분 제거한다.
- 나무주걱으로 더치오븐에 눌러붙은 찌꺼기를 긁어 제거한다.
- 물을 버리고 따뜻한 물로 깨끗이 헹군다.
- 키친타월로 더치오븐의 물기를 말끔히 제거한다.
- 올리브유를 얇게 펴 바르고 하얀 연기가 나지 않을 때까지 달군다.
- 손으로 만져 기름이 묻어나지 않으면 완성.

+ 요리 후 더치오븐 세척은 물을 붓고 한 번 끓이면 대부분 제거된다. 음식물이 많이 눌었거나 오래되었다면 물을 붓고 끓여 소다를 넣고, 주걱으로 긁어 제거해주면 된다. 혹은 주걱으로 긁어내고 세척솔로 씻어도 된다. 이때 쇠수세미는 사용하지 않는 것이 좋다. 뜨거운 더치오븐에 찬물을 부으면 금이 갈 수 있으니 조심할 것.

더치오븐 수납과 보관

더치오븐을 보관할 때 가장 주의할 점은 녹이 슬지 않도록 하는 것이다. 습기가 적은 곳에서 바람이 잘 통하도록 보관하자.

- 수납가방에 신문지를 깔고 포트를 넣어 싼다.
- 뚜껑도 신문지로 잘 싸둔다.
- 나무젓가락 2개를 포트 테두리에 하나씩 올리고 그 위에 뚜껑을 얹고 가방을 닫는다.

+ 나무젓가락은 바람이 잘 통하도록 통풍구를 만들어주기 위한 것입니다. 혹 습기가 발생하면 신문지가 흡수하는 역할을 하는데, 제습제를 하나 포트 안에 넣어두는 것도 한 방법이에요. 캠프 더치오븐의 경우 구입 시 다리를 끼워넣는 완충재가 있다면 수납 시에도 활용하세요.

녹슨 더치오븐 시즈닝

보관을 잘못해 더치오븐에 녹이 슬었을 때에는 녹을 제거하고 다시 시즈닝을 하면 된다. 처음 구입해 왁스를 제거할 때처럼 다시 시즈닝을 해주면 된다.

- 녹슨 더치오븐에 뜨거운 물을 부은 다음 수세미로 문질러 녹을 잘 제거한다.
- 세제로 한 번 씻어준 뒤, 깨끗이 헹군다.
- 키친타월로 물기를 잘 닦고 달군 뒤, 올리브유를 얇게 바른다.
- 하얀 연기가 나지 않을 때까지 가열한 뒤, 같은 과정을 2~3번 반복한다.

더치오븐의 불 조절

더치오븐은 한 번 예열하면 잘 식지 않으므로 계속 센 불로 요리할 경우 음식물이 타게 됩니다. 그러므로 센 불에서 예열하여 뜨거워지면 약불로 줄여 달군 온도가 식지 않도록 유지만 해주면 되는 것이죠. 더치오븐에 윗불을 주는 것은 통째 요리를 할 때 속까지 골고루 익게 하는 것과 고기류의 경우 껍질을 바삭하게 해주기 위해서 입니다. 윗불도 많이 줄 경우 음식이 타게 되니 더치오븐의 크기에 따라 윗불도 적당히 조절해주어야 합니다.

꼼꼼조언 더치오븐을 사용하는 데 필요한 보조 도구들도 있다. 숯을 이용해 더치오븐을 사용할 경우 더치오븐을 걸어두는 삼각대, 뜨거운 더치오븐 뚜껑을 들 때 필요한 리프트와 내열장갑, 더치오븐 안에 넣어 사용하는 이너넷(혹은 트리벳), 뜨거운 더치오븐을 올려두는 받침대 등이다.

깐깐 비교

스노우피크 일본식 더치오븐 26

스킬렛이 포함된 더치오븐 세트. 손잡이가 양쪽으로 달린 스킬렛은 팬으로도, 더치오븐의 뚜껑으로도 사용할 수 있어 활용도가 높다.

스노우피크 콤보 더치 듀오, 마이크로 오벌

콤보는 크기가 작은 더치오븐의 활용도를 높였고, 오벌은 한 가족, 한 끼 식사에 활용하기 좋은 더치오븐. 솔로용으로도 활용 만점.

코베아 조선방짜 25

우리나라의 전통 놋그릇(방짜)을 더치오븐에 접목시킨 제품. 시즈닝이 필요 없고, 몸에 해로운 음식 내의 균을 살균하는 살균 작용이 있다고 한다.

롯지 10인치 키친 더치오븐

시즈닝이 되어나오는 롯지의 가장 기본적인 더치오븐.

롯지 10인치 콤보 쿠커

포트는 더치오븐과 튀김냄비로, 뚜껑은 스킬렛과 그리들로 활용 가능한 쿠커. 가정용, 캠핑용으로 모두 OK.

롯지 12인치 딥 캠프 더치오븐

다리가 있어 삼각대를 이용하여 사용하는 깊이가 깊은 딥사이즈 캠프 더치오븐. 닭 2마리는 거뜬하다. 롯지 더치오븐은 크기별로 제품이 다양하므로 인원수를 고려하여 고르도록 하자.

바비큐의 즐거움
그릴

캠핑장에서 오랜만의 여유를 즐기며 특별한 요리를 기대하는 것은 당연하다. 그중 단연 최고는 바비큐다. 훈연재의 향이 배어들고 숯불의 불맛을 본 바비큐. 이렇게 바비큐를 즐길 때 쓰는 장비가 바로 그릴이다. 도시의 아파트에서 경험할 수 없는 특별하고 색다른 요리를 가족들과 함께 즐기고 싶다면 그릴을 경험해보자. 불조절만 해주면 쉽고 간단하면서도 번듯한 요리를 차려낼 수 있는 바비큐. 바비큐는 캠핑 요리의 꽃, 요리의 세계가 한층 넓어진다.

그릴의 종류

그릴은 용도에 따라 직화구이용과 훈제용이 있다. 직화구이용 그릴은 우리가 흔히 접하는 불판이나 화로대 위에 올려 쓰는 그릴을 말한다. 고기, 생선, 채소, 해산물 등의 재료를 직접 숯불에 구울 수 있다.

훈제용 그릴은 공처럼 둥글게 생긴 용기에 숯을 담고 대류열을 이용해 요리를 할 수 있게 만든 그릴이다. 이 그릴은 뚜껑, 그릴(석쇠), 숯받이, 화로 받침대, 다리로 구성되어 있다. 숯에 따로 불을 붙여 완전히 연소가 되면 숯받이에 담고 그릴을 올려 재료를 세팅한 후 뚜껑을 닫고 온도 조절을 하여 요리를 하게 된다. 훈제용 그릴은 직화와 간접구이, 훈연재를 이용한 훈연이 모두 가능한 전문 제품이다. 주로 바비큐용 그릴은 이 훈제용 그릴을 말한다.

+ 캠핑 시 활용할 수 있는 그릴의 종류는 참 다양하다. 모양이나 용도에 따라 종류가 많기 때문이다. 다리가 있는 스탠드형 그릴과 테이블 위에 올려놓고 사용할 수 있는 테이블 그릴, 그중에는 모양이 둥글지 않고 직사각형 형태의 그릴도 있으므로 수납성을 잘 따져보고 선택하도록 하자. 아무래도 둥근 모양보다는 사각형 형태의 그릴이 수납에 편리하다.

수납을 고려한 그릴 선택

훈제용 바비큐 그릴의 가장 큰 단점은 수납이다. 둥글게 생긴 모양 때문에 부피가 커서 수납 시 자리를 많이 차지한다. 다른 캠핑 장비만 해도 엄청난데 그 많은 짐들 사이로 모양도 둥근 그릴을 싣는다는 것은 참 어려운 일이다. 따라서 캠핑용 바비큐 그릴은 사이즈가 37cm를 넘지 않는 것이 절대적으로 수납에 유리하다.

추천 그릴 웨버 스모키조 37

수납의 압박을 끝내 이기지 못할 것 같아 가장 작은 사이즈인 웨버 스모키조를 추천합니다. 바비큐에 많은 관심을 가지고 있다면 웨버의 47, 57 사이즈나 댄쿡을 추천하겠지만, 그렇지 않다면 수납의 걱정도 덜고, 바비큐도 즐길 수 있는 것을 골랐어요. 물론 크기가 작기 때문에 바비큐의 대표 메뉴이기도 한 비어캔 치킨은 꿈도 못 꾸지만, 비어캔 치킨만 포기하면 아무 문제 없이 두루 바비큐를 즐길 수 있답니다. 비어캔 치킨이 못내 아쉽다면, 닭고기를 맥주에 담궈보기로 합니다.

쉽게 불 피우는 방법

숯에 불을 붙일 때 가장 빠르고 손쉬운 방법은 침니스타터를 이용하는 것이다. 침니스타터는 숯이나 브리켓을 넣고 안전하게 불을 붙이는 장비다. 또한 바비큐를 하는 도중 그릴의 온도가 떨어졌을 때도 필요한 만큼 다시 불을 붙여 추가해줄 수 있다. 침니스타터는 접히는 것이 수납에 도움이 되니 참고하자.

착화제를 이용한 불 피우기 착화제(파라핀, 점화용 숯, 신문지 뭉친 것)에 불을 붙이고, 침니스타터에 브리켓을 넣어 그 위에 올린다. 불이 붙으면 위아래가 잘 섞이도록 침니스타터를 흔들어 섞어준다.

스토브를 이용한 불 피우기 스토브 위에 오덕을 올려 간격을 두고 브리켓을 넣은 침니스타터를 올려 불을 붙인다. 마찬가지로 불이 붙으면 위아래가 잘 섞이도록 흔들어 준다.

웨버 VS 댄쿡 그릴 비교

시중에 나와 있는 바비큐 그릴 중 가장 대표적인 것은 웨버와 댄쿡이에요. 웨버는 미국산 그릴로 가장 대중적이고, 댄쿡은 덴마크산 그릴로 가격은 웨버에 비해 비싸지만, 그릴 마니아들이 추천하는 대표 그릴이죠. 이 두 제품은 각각의 장단점이 있기 때문에, 자신의 취향이나 조건에 맞는 것으로 고르는 것이 좋아요. 웨버와 댄쿡 사이에서 고민하고 있다면, 두 그릴의 비교를 참조하세요.

	웨버	댄쿡
그릴 내부 온도	댄쿡에 비해 조금 떨어진다.	오랫동안 일정 온도 유지 가능.
연료의 효율	댄쿡에 비해 조금 떨어진다.	온도 유지 기능이 뛰어나 웨버에 비해 브리켓 60% 정도로도 온도를 일정하게 유지해준다. 연료인 브리켓의 사용을 절약할 수 있는 셈.
그릴의 내구성	그릴 재질이 철판에 법랑 코팅을 한 것이라 딱딱한 바닥에 떨어뜨릴 경우 깨질 염려가 있고, 깨진 부분은 녹이 슬기 쉽다.	스테인리스와 알루미늄으로 부식의 위험이 적어서, 비나 눈이 오는 야외에서도 끄떡없다.
수납의 편의성	손으로도 다리 분해와 조립이 가능.	볼트를 조여야 하는 번거러움이 있지만 다리는 튼튼하게 설치할 수 있다.
세척의 유리함	재받이가 쟁반 모양이어서 재가 흩날리는 것에 주의.	청소는 간편한 편.
요리의 다양성	비어캔 치킨 등 다양하게 가능.	뚜껑이 낮아 힘든 편.
가격	저렴하다.	웨버에 비해 두 배 정도 비싸다.

깐깐 비교

웨버 원터치 실버 그릴

가격과 성능에 따라 실버, 골드, 플래티늄으로 나눠진 웨버의 그릴 중 가장 저렴하고 기본적인 구성을 갖춘 그릴. 재받이가 쟁반 형태이고, 크기는 47, 57cm 두 가지이다.

댄쿡 1000

바비큐 그릴 중 가장 가격이 비싸고, 그만큼 좋은 성능을 자랑하는 바비큐 마니아들이 열망하는 바비큐 그릴. 1000은 50cm, 1400은 58cm.

콥 그릴

콥 그릴의 아래에 있는 외부 케이스에 고기의 기름이 숯에 떨어지지 않도록 한 구조로 연기가 나지 않아 가정에서도 사용 가능한 훈연 그릴.

웨버 고 애니웨어

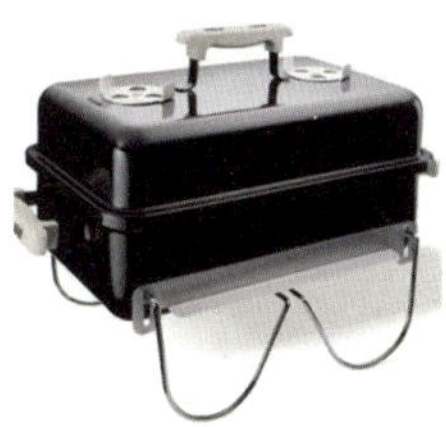

이름처럼 어디든 들고 다닐 수 있는 테이블 그릴. 사이즈가 콤팩트하고 접이식 다리가 있어, 이동과 수납에 편리하다.

있으면 더 좋은 다양한 액세서리들

다용도 칼, 손도끼, 카라비너, 팩케이스 등

C A M P I N G

캠핑에는 예상 외로 많은 장비가 필요하다. 텐트, 타프, 테이블, 의자, 코펠, 랜턴 등 기본적인 장비 외에도 소소한 액세서리를 다양하게 준비해야 한다. 다용도 칼과 카라비너, 해먹, 야전삽, 톱, 손도끼, 전기 릴선, 팩 케이스, 파일 드라이브 등이 대표적인 장비다. 그다지 큰 쓰임새가 없을 것 같지만 캠핑 현장에서는 없으면 불편을 느끼는 경우가 많다.

다용도 칼 가장 필요한 것은 흔히 '스위스 칼' 혹은 '맥가이버 칼'이라고 부르는 칼로서 가장 요긴하게 쓰인다. 로프를 자르거나 나무를 깎을 때, 나사를 조일 때 등 다양한 영역에서 활용 가치가 높다. 캔 따개, 주방용 칼 대용으로도 사용할 수 있다. 대표적인 제품은 스위스의 빅토리녹스(Victorinox) 제품이다. 칼 이외에 톱, 병따개, 가위, 돋보기, 니퍼, 드라이버 등 20여 가지 이상의 기능을 갖추고 있다. 레더맨(Leatherman) 제품도 많이 사용한다. 니퍼를 기본으로 하고 손잡이에 다양한 도구를 결합시켰다. 도구의 크기가 큰 만큼 큰 힘을 필요로 하는 작업에 유리하다. 등산용으로는 작은 빅토리녹스가 알맞지만 오토캠핑용은 아무래도 크기가 큰 것이 좋을 듯.

카라비너 암벽이나 빙벽을 오를 때 유용한 장비다. 스프링이 달린 고리를 열고 닫아 그 안에 로프가 지날 수 있게 만들었다. 등산 장비로 개발되었지만 캠핑에서도 빼놓을 수 없는 장비다. 텐트 속에 랜턴을 달 때, 기타 장비를 로프에 매달아 놓을 때 유용하다. 등반용이 아닌 이상 굳이 비싼 것을 살 필요는 없다. 1개당 1000~2000원 정도면 충분하다.

톱과 도끼 어쩌면 계륵과도 같은 장비다. 있어도 그다지 필요하지 않고 또

없으면 아쉽다. 캠핑용 톱과 도끼로 장작을 패기에는 부족하다. 하지만 장작을 다듬는 데는 톱과 도끼만 한 것이 없다. 따라서 큰 것 말고 비교적 작은 것으로 준비해두는 것이 여러 모로 유용하다.

팩 케이스 필요한 장비다. 캠핑을 하다 보면 의외로 팩을 잘 잊어버리는데 팩 케이스가 있다면 팩, 스트링 등을 한곳에 보관할 수 있어 편리하다. 집 안에 사용하지 않는 밀폐형 팩 케이스를 사용해도 좋다. 여러 종류의 팩과 스트링, 망치 등을 넣어 다니면 된다.

전기릴선 손도끼 야전삽 톱

다용도 칼 카라비너 스트링

이밖에도 랜턴을 걸 수 있는 파일드라이브, 전기 릴선, 해먹 등 다양한 액세서리가 있다. 커피 메이커, 우유 거품기, 휴대용 비데 등 우리가 상상하지 못하는 기발한 액세서리도 많다. 반드시 있어야 하는 것은 아니지만 갖춰두면 캠핑을 편리하게 해주고 캠핑의 재미를 한층 더 느낄 수 있게 해주는 것들이다. 이런 액세서리들은 캠핑을 경험하면서 차근차근 준비해가는 것이 좋다.

보유장비	스노우피크 리빙쉘 + 랜드브리즈4 스노우피크 렉타 타프 L
장비 story	캠핑 시작 시 코베아 캐슬 구입. 너무 무겁고, 수납 부피가 커서 짐 꾸릴 때마다 테트리스 신공도 힘들었고, 철수도 힘겨웠다. 리빙텐트를 치고 이너텐트를 연결해서 쳐야 하는 번거로움에 2년 쓰고 중고장터를 통해 처분하기로 결정. 얼마 후 선배에게 랜드브리즈4를 선물 받는 사건이 일어났다. 가볍고, 수납 부피 작고, 게다가 설치와 철수의 간편함까지! 한동안 랜드브리즈로 잘 견딜 수 있었다. 그간은 타프가 있는 지인들과 함께 다녀 딱히 구입할 필요가 없었으나 랜드브리즈가 생기면서 렉타 타프를 구입했다. 둘째가 태어나면서, 간절기엔 거실텐트가 있어야 견딜 수 있겠다는 생각이 들어 랜드브리즈에 연결 가능한 리빙쉘로 결정했다. 물론 수납과 무게가 가뿐하다. 설치도 쉽고.
장비구입 tip	봄, 가을, 겨울 3계절은 거실텐트가 필요하다. 춥기 때문. 아이가 있을 경우 더욱 필요하다. 여름에는 메쉬도 덥다. 개인적으로 여름에는 타프+돔텐트의 조합이 좋다. 만약 가지고 있는 텐트가 있다면 우선 그 텐트에 맞는 텐트와 타프를 꼼꼼히 찾아보기 바란다. 우리의 경우 마음에 드는 돔텐트가 생기는 바람에 거기에 맞는 거실텐트와 타프를 고른 것. 요즘은 거실텐트에 이너텐트를 걸기만 하면 되는 제품들이 대부분이니 수납과 텐트 안 공간을 차근차근 따져보자.
위시리스트	텐트와 타프는 이걸로 만족해요~.
보유장비	콜맨 겨울 침낭 2, 여름 침낭 2 스노우피크 랜드브리즈4 전용 이너매트 코베아 발포 매트리스2
장비 story	캠핑 시작 땐 첫째아이가 어렸고, 지금은 둘째가 어리다. 코스트코에서 5만원대 침낭 2개 구입해 아들과 내가 사용하고, 남편은 여름침낭을 썼다. 3계절 사용에 무리는 없지만, 코스트코 콜맨 침낭은 수납부피가 크고, 접을 때 정말 무지 고생한다. 게다가 아이들이 어려 보온성을 더 높일 계획이라면 제대로 된 거 사서 오래 쓰자. 바닥공사는 그라운드시트, 텐트, 전용 이너매트, 발포 매트리스, 면패드 한 장, 침낭, 담요로 사용. 간절기에는 발포 매트리스 위에 전기요 하나 추가요~.

장비구입 tip	겨울캠핑을 할 계획이고, 어린아이가 있다면, 침낭과 바닥공사를 철저히 하는 것이 좋다. 침낭은 좀 비싸더라도 좋은 것을 1~2개 구입해놓으면 오래 쓸 수 있다. 바닥공사는 보온과 수납을 함께 생각해서 준비하세요.
위시리스트	몽벨 오리털 침낭 2개 구입 계획을 세웠어요. 수납 부피와 무게, 보온성도 고려해서요.
보유장비	코베아 뉴 갤럭시 가스랜턴 스노우피크 호즈키 작업등 보조장비: 돼지꼬리, 스노우피크 파일드라이브, 버팔로 파일드라이브
장비 story	캠핑 시작 시 장비를 다 갖추지 못하고, 지인들과 같이 다니며 서로 필요한 장비를 중복되지 않게 준비했다. 밝기는 좀 떨어지지만 가격이 저렴하고 쓸 만한 가스랜턴을 먼저 구입했다. 랜턴걸이와 함께. 호즈키는 둘째 임신했을 때 구입. 텐트 안 실내등 용도로 구입했지만 테이블 위에도, 집에서 스탠드 용도로 두루두루 잘 사용하고 있는 랜턴. 무엇보다 눈이 부시지 않은 불빛에, 밝기 조절, 깨질 염려 없는 안전성이 마음에 쏙 들었다. 어린아이 있는 경우 쓸모 있다. 작업등은 포천 캠핑라운지 번개장터에서 저렴하게 구입했다. 해가 지고 캠핑장 도착해 급히 텐트 치고 사이트 구축할 때 유용하다. 여름철 벌레 유인용으로도 좋다. 파일드라이브도 함께 저렴한 걸로 구입했다. 중고장터도 잘 활용하면 유용하다.
장비구입 tip	랜턴은 광량이 좋은 걸로 1, 보조랜턴 1, 실내등 1, 작업등 정도면 충분하죠. 겨울캠핑을 한다든지, 어린아이가 있다든지, 개인적인 상황에 맞추어 선택하세요.
위시리스트	콜맨 노스스타 가솔린 랜턴. 우리 가족 캠핑 시 메인랜턴으로는 부족해요. 이것 하나만 더 있으면 랜턴은 오케이~.
보유장비	스노우피크 원액션테이블 롱 코베아 알루미늄 4인용 테이블 코베아 알루미늄 미니 테이블 유니프레임 스테인리스 탑 사이드 테이블
장비 story	처음 장비 구입 시 코베아 알루미늄 4인용 테이블과 알루미늄 미니 테이블로 시작. 선배에게 조언을 구한 결과 3폴딩 테이블 이상이면 너무 거하다는 것. 그 충고는 정확했고, 지금까지 잘 사용하고 있어요. 키친테이블은 캠핑을 3~4회 다녀본 뒤 구입했어요. 콜맨 프로스타일키친테이블. 2년 정도 사용했으나, 쓰면 쓸수록 수납의 압박이 힘들었죠. 당시 IGT냐, 유니프레임 키친테이블이냐 고민하다가 중고장터에 처분했어요. 그후 키친테이블 없이 캠핑중인데 그다지 불편하지 않아요. 다리 조절이 가능한 알루미늄 4 테이블의 활용도가 편하기 때문이죠. 뜨거운 코펠 올려도 걱정 없고, 화로 곁 사이드 테이블로도 걱정 없고, 가솔린 스토브를 올려놔도 걱정 없습니다. 미니테이블은 쓸모가 많아요. 코베아 미니테이블은 높이가 딱 좋죠. 텐트 안에서 노트북 올려놓고 아이들 영화 보기도 좋고, 간식 상으로도 좋고, 화로 곁 사이드로 활용할 수 있는 그야말로 만능입니다. 그래서 유니프레임 사이드 테이블을 하나 더 장만했지요. 작아서 수납도 가뿐하고, 집에서 토스터기 올려놓고 쓰다가 캠핑 갈 때 쏙 넣어간답니다.

장비구입 tip	테이블과 키친테이블은 그 상관관계를 잘 따져보기 바랍니다. 수납이며, 랜턴걸이며, 여러 가지 아이템들이 키친테이블에 있기는 하지만, 테이블과 연결해서 구성을 생각해보는 것이 좋다. 물론 수납과 무게를 잘 생각해야 한다. 캠핑 가구 관련 용품들을 주욱 놓고 수납 쉽고, 가격 저렴하고, 활용성 높은 것들로 구성을 시작해보세요.
위시리스트	IGT 레귤러 사이즈. 정말 고민중. 보유하고 있는 원액션 테이블이 롱이라 승용차에 수납이 곤란하기 때문. 처음 샀을 때는 수납이 가능했는데.
보유장비	콜맨 슬림 캡틴 체어 2 스노우피크 테이크체어 2 코베아 포터블 플러스 체어 2
장비 story	첫 장비 구입 시 코베아 럭셔리 체어 1, 지금은 단종된 원터치 접이식 의자 2개를 사용. 럭셔리 체어는 사방접이식으로 접히지만 길이가 워낙 길어 차에 실을 때 테트리스 신공을 어지간히 방해했고, 원터치는 사방접이식이 아니어서 수납이 힘들었어요. 차에 짐을 실을 때마다 고민하게 되었던 거죠. 그래서 1년 사용 후, 중고장터에 처분. 콜맨 체어 2개와 스노우피크 테이크체어 1개를 구입했어요. 둘째가 태어나면서 테이크체어를 하나 더 장만. 집에서도 거실에 두고 사용하다 캠핑 시 챙겨갑니다. 이제 뛰기 시작한 둘째를 위해 포터블 플러스 체어를 구입. 작지만 생각보다 단단하더군요. 집에서도 좌탁이 아이 키에 맞지 않아 이 의자를 두고 사용합니다. 어른이 앉아도 좋아서 화로 옆에서도 딱입니다. 수납도 사방접이식이고요.
장비구입 tip	의자는 수납을 생각해 사방접이식으로 추천. 요즘은 로우 캠핑이 유행이어서, 로우 체어 제품이 많이 나와 있다. 로우 체어도 단단하고 디자인이 예뻐서 탐이 난다. 아예 바닥 모드를 원한다면 바비큐 의자를 구비하면 좋을 듯.
위시리스트	스노우피크 테이크체어 롱 고민중. 릴렉스 체어가 하나 정도 있으면 좋겠다.
보유장비	스노우피크 화로 M세트(화로 베이스 플레이트, 장작마루) 스노우피크 화로장갑 스노우피크 주철그리들 프로, 그릴브리지 M
장비 story	캠핑 시작 당시에는 기본 장비만 구입해 지인들과 함께 다닌 경우가 많아 화로는 구입하지 않았어요. 다양한 화로 제품들을 보고 고민한 끝에 스노우피크로 구입했습니다. 솔직히 화로야 한 번 쓰면 다 재투성이가 될 텐데 비싼 것이 필요할까 싶었죠. 남편이 오래도록 쓰다가 손때 묻혀 아들에게 물려주고 싶다 하여 캠핑 시작 몇 달 만에 지르고 말았어요. 그릴의 경우는 화로에 숯활용 시 필요해서 구입했어요. 하지만 굳이 없어도 좋아요. 캠핑을 계속하다 보면 쿠킹과 관련한 다른 많은 장비들이 구비될 테니까요.
장비구입 tip	화로는 크면 장작이 많이 들고, 작으면 적게 든다. 그리고 바람 구멍이 작으면 불이 잘 꺼진다. 그러므로 화로는 캠핑 인원수를 고려하는 것이 가장 먼저이고, 그 다음은 화로의 모양을 선택하는 것이 좋다. 4인 가족의 경우 M 사이즈면 적당. 모양은 두 가지. 역삼각형과 사각형 화로. 사각형 화로의 경우 역삼각형보다 면적이 넓어서 장작이 많이 든다. 바람을 받는 면적도 넓기 때문에 더욱 그렇다.

위시리스트	더 무엇이 필요하랴.
보유장비	스노우피크 더치오븐 26
장비 story	캠핑을 시작하고 1년 후, 더치오븐을 구입했습니다. 시즈닝이 번거로운 더치오븐의 특성상, 아웃도어용품점 사장님은 유니프레임 더치오븐을 권했으나, 스노우피크가 예뻤고, 구성도 마음에 들었어요. 스킬렛이 포함되어 있어 수납과 활용에 만점. 가격은 비싸지만, 스킬렛이 뚜껑으로 사용하면 팟의 깊이가 더 깊어져 닭 한 마리도 거뜬합니다. 크기는 딱 좋아요. 더 크면 관리가 힘들 것 같았고, 무게도 꽤 차이가 납니다. 잘못 하다간 손목이 절단 날 수도…….
장비구입 tip	더치오븐은 써보고 구입하는 것이 좋다. 지인에게서 빌릴 수 있다면 빌려서 먼저 써보길. 그렇지 않다면 가정용 더치오븐을 추천. 크기는 10인치가 적당하다. 10인치와 12인치의 무게 차이는 엄청나기 때문. 다리가 세 개 달린 캠핑용 더치오븐은 가정에서 사용하기 어려우므로, 처음 사용한다면 10인치 가정용 더치오븐이 적당하다. 콜맨과 롯지, 유니프레임 더치오븐도 있으니 마음에 드는 것으로 고르세요.
위시리스트	삼각대. 그동안 스토브에 올려 사용하거나, 빌려서 다녔어요. 저렴하고 가벼운 것으로 고민중입니다.
보유장비	콜맨 가솔린 투버너 컴팩트 코베아 캠프 4 호스 스토브 스노우피크 기가파워 스토브 G
장비 story	캠핑 고수인 선배가 추천한 스토브. 손때 묻도록 쓰다가 아들 물려주겠다는 당찬 생각으로 구입했어요. 불쇼도 여러 번 했죠. 흐리거나 비오는 날, 힘 못 쓰는 친구들의 가스스토브를 보며 당당히 아직도 잘 쓰고 있어요. 하지만 IGT에 관심을 가져보니 연료탱크 때문에 IGT에는 안 들어가요. 콜맨 가스총은 불량. 역시 사용하기 편리한 건 가스스토브가 맞더군요. 화력이 문제죠. 코베아 캠프 4는 예비용. 수납 부피가 손바닥만 하기 때문에 예비용으로 충분합니다. 캠핑장에서 스토브가 고장 날 수도 있기 때문이죠. 스노우피크 기가파워는 손가락 두 개만 해요. 남편의 솔캠용으로 얼마 전 구입했어요. 출장 시 쓴다기에 말릴 수가 없었죠.
장비구입 tip	스토브는 주로 사용할 사람의 의견이 가장 중요하다. 사용하기 편한 건 가스스토브. 화력이 걱정이라면 액출가스 스토브. 액출도 가스다 싶다면 가솔린 스토브를 추천한다. 단, 이 정도 불편함쯤이야 싶다면 가솔린 강추. 랜턴과 연료 통일은 하면 좋지만, 제품들 위주로 고르다 보면 통일하기 어렵다. 예비용을 준비하다 보면 더욱 그렇다. 그냥 편하게 가솔린과 가스는 준비한다 생각하세요. 그러면 제품 선택의 폭이 넓어집니다.
위시리스트	화력을 생각했습니다. 그냥 있는 스토브 잘~ 쓰기로 합니다.
보유장비	코베아 세라믹 코펠 세트 7~8인용 스노우피크 트렉 콤보 스노우피크 티타늄 컵 3개

장비 story	텐트와 함께 이미 남편이 질러놓은 것이 세라믹 코펠이었어요. 크기는 가장 큰 것이어서 괜찮았지만, 코펠 세트 안에 포함된 식기가 플라스틱이라 마음에 들지 않았죠. 라면 국물이 배면 잘 닦이지 않고, 뜨거운 음식 담기도 걱정이 되었거든요. 무엇보다 크기도 숫자도 부족했어요. 그래서 식기는 그릇상점 가서 스테인리스 그릇으로 가족 수만큼 구입했어요. 공기 4, 대접 4개. 또 함께 포함된 손잡이 탈부착 주전자는 아이디어는 좋았지만, 너무 위험해서 쓰지 않게 되었어요. 캠핑장에서 주전자를 쓰는 경우는 주로 물을 끓여 뜨거운 물을 사용할 때인데, 손잡이가 단단하지 않아 물을 쏟기 일쑤였죠. 코펠 안에 쏙 들어가는 크기의 다른 주전자를 사서 넣어 다녀요. 컵은 손잡이가 접히는 가벼운 티타늄 컵으로 가족 수만큼 구입했어요. 손잡이가 접혀 수납이 훨씬 편했죠. 가격은 사악했지만, 가벼워서 정말 좋아요. 후회하지 않아요.
장비구입 tip	코펠과 식기는 캠핑장에서 주로 사용하는 사람의 의견이나 취향을 존중하는 것이 좋아요. 코펠의 구성보다는 스테인리스 쿠커들의 구성이 주부의 입장에서 볼 때 훨씬 실용적. 바스켓과 크기가 큰 쿠커의 구성, 손잡이 탈부착으로 수납성을 높인 점이 좋아요. 여러 가족 캠핑에서도 거뜬히 제 역할을 해냅니다. 식기는 디자인이나 수납 면에서 아웃도어용 제품이 좋지만, 가격이 비싸요. 그릇상점을 이용해 싸고 튼튼한 것으로 구입하면 비용을 줄일 수 있으니 참고하세요.
위시리스트	유니프레임 fan5 DX. 지인들의 쿠커와 우리 세라믹 코펠로 부족함 없이 잘 사용했지만, 구성도 디자인도 좋아서 사용해 보고 싶어요.

CAMPING!

2장. 오토캠핑을 떠나봅시다

떠나기 전, 무엇을 어떻게 준비할까요?

실전! 우리 집 캠핑일기

여자들 캠핑을 디자인하다 : 두 여자의 캠핑기

남편의 솔로 캠핑일기 : 바람이여 고마웠네

클린 & 에코 캠핑

떠나기 전, 무엇을 어떻게 준비할까요?

낡은 텐트 하나, 세면도구와 이불 몇 장, 옷가지가 전부였던 첫 캠핑의 기억을 떠올리면 웃음이 난다. 캠핑 선배인 친구 가족의 도움이 없었다면, 지금껏 캠핑을 다니지도 않았을 게다. 남편과 나 둘뿐이었던 그때와는 달리 지금은 두 아이가 함께하는 여행이기에 좀더 많은 장비들과 세심한 준비가 필요해졌다. 장소를 정하고 장을 보고 짐을 꾸리는 일이 그리 수월하지는 않다. 수고스럽더라도 미리 계획하고 준비물을 체크하는 습관을 들이자. 처음에는 귀찮고 힘들지만 캠핑 횟수가 거듭될수록 편리한 습관으로 자리잡게 될 것이다.

1. 어디로 갈까요? (날짜와 목적지 선정)

아무래도 주말을 이용한 캠핑이 많다. 징검다리 연휴, 휴가기간 등에는 캠핑장의 예약 유무를 반드시 확인하도록 하자. 혼잡을 막기 위해 대부분의 캠핑장이 예약제로 바뀌는 추세이므로 아이들의 놀토가 있는 주말이나 연휴, 휴가기간 등에는 반드시 사전예약을 한 후에 출발해야 한다. 인터넷 관련 사이트나 서적 등을 통해 미리 정보를 수집하고 계획을 세우는 것도 바람직하다.

꼼꼼조언 캠핑장 선택 요령

1 관련 사이트나 서적을 통해 캠핑 목적에 맞는 장소를 물색하라. 휴식을 위한 캠핑, 관광을 겸한 캠핑, 체험 활동, 취미 활동 등의 목적을 먼저 정한 후 그에 적합한 장소를 선택하자. 이동 거리나 시간, 교통상황, 위치 등의 정보도 미리 수집한다.

2 사전 예약 유무, 이용료 등을 확인하라. 예약제로 운영되는 경우 반드시 미리 예약하고 내용을 재확인하며, 전기나 부대시설 이용료 등의 추가비용 여부를 확인하자. 또한 기상이변이나 개인적 사정으로 인한 해약 시의 환불규정 등도 반드시 체크하자.

3 캠핑장의 부대시설과 환경을 조사하라. 바닥상태, 온수사용, 개수대와 화장실, 전기사용 및 배전판 거리, 화로 사용 및 장작 구입 여부, 인터넷사용, 놀이시설 및 매점 유무, 애완동물 동행 여부, 비상 시 숙박시설 유무 등의 사항을 꼼꼼히 따져보고 선택하자.

4 주변의 관광지와 맛집, 이색장소 등 주변 즐길거리들을 찾아보자. 단순한 캠핑도 좋지만 가끔은 주변의 관광지나 박물관, 이색체험 등을 통해 추억을 쌓아보자. 여행지에서 맛있는 먹거리를 찾아 맛보는 재미도 쏠쏠하다.

2. 무엇을 가져갈까요? (짐꾸리기)

차에 장비를 싣고 출발할 때처럼 설렐 때는 없다. 텐트를 치고, 모닥불을 피우고, 맛있는 요리를 준비하고…… 캠핑장에서 보낼 하룻밤을 생각하니 벌써부터 가슴이 부풀어 오른다. 하지만 캠핑 장비를 자동차에 싣기 시작할 때부터 진땀이 난다. 트렁크는 좁고 장비는 넘쳐난다. 이렇게도 실어보고 저렇게도 꾸려보기를 몇 차례. 캠핑을 떠나기도 전에 지친다. 도대체 이 많은 장비를 어떻게 실어야 할까.

- 먼저, 키친과 테이블, 매트리스 등 평평하고 면적이 넓은 것부터 트렁크 바닥에 놓는 것이 요령이다. 그 다음 밑바닥의 자투리 공간에 파일드라이브나, 랜턴걸이 등 가늘고 긴 것을 배치한다.
- 밑바닥을 가득 채운 후 아이스박스와 각종 장비 박스, 텐트 등 무게가 나가고 각이 진 장비들을 올려놓는다. 이들 장비 사이에도 분명 빈 공간이 남을 것이다. 이 공간에 옷가방이나 침낭 등 푹신푹신한 것들을 채워준

다. 장비 사이의 쿠션 역할도 하고 비포장도로에서 흔들림도 방지해준다.

- 맨 위에는 부피가 크면서 가벼운 장비, 랜턴 등 깨지기 쉬운 장비를 올린다. 접었을 때 접은 면이 울퉁불퉁하거나 다른 장비를 올렸을 때 수평이 깨지는 장비들도 맨 위에 올리면 좋다.
- 짐을 다 실었다면 차 문을 닫고 다시 한 번 열어보도록 하자. 캠핑장에 도착해서 트렁크를 열었을 때 장비가 와르르 무너지는 것을 확인해보는 것이다.
- 장비 수납 시 반드시 지켜야 할 사항이 있다. 후방 시야를 확보하는 것이다. 트렁크를 꽉 채웠을 경우 룸미러가 보이지 않는 경우가 종종 있는데 후진 시 안전사고로 이어질 수가 있다. 트렁크에 장비를 적재할 때 가운데보다 양쪽 측면에 쌓는 것이 요령이다. 손바닥만 한 공간만 남겨둬도 후방 시야를 확보할 수 있다.
- 자동차 적재공간이 여의치 않을 경우 외장형 수납공간을 사용하는 것도 한 방법이다. 외장형은 루프캐리어가 가장 일반적이다. 차량의 지붕에 짐을 실을 수 있게 만든 장치인데 최근 생산되는 SUV나 CUV에는 기본적

으로 장착되어 있는 경우가 많다. 승용차의 경우 별도로 장착해야 한다.

- 짐을 싣기 위해서는 루프캐리어에 케이스를 달아야 한다. 케이스에는 하드케이스와 소프트케이스가 있다. 하드케이스 타입은 제품을 안정적으로 수납할 수 있지만 가격이 비싸고 수납공간이 생각보다 적다는 단점이 있다. 소프트케이스는 커다란 사각 가방처럼 생겼다. 수납공간이 크고 가격이 저렴하지만 부실하게 고정시킬 경우 적재물이 떨어질 수도 있으니 조심해야 한다.
- 캠핑장비가 너무 많아 차량만으로 적재가 불가능할 경우 트레일러도 고려해볼 만하다. 텐트, 타프, 테이블, 화로 등 부피가 크고 무거운 짐을 캠핑 때마다 싣고 내려야 하는 번거로움을 줄일 수 있다. 국내에서 제작한 트레일러는 300만 원 정도면 구입할 수 있다.

꼼꼼조언 짐싸는 요령

짐 싸기도 요령이 필요하다. 수납 가방을 활용하자. 항시 종류별로 분류해서 모아두면 찾기도 편하고 정리도 쉽다. 가방은 너무 크지 않은 것이 좋다. 부피가 크면 오히려 작은 공간들을 활용하기 어려우므로 적당한 크기를 선택하자. 침낭, 담요 등은 부피를 줄일 수 있는 전용 주머니와 조임 끈이 달린 것을 선택하자.

3. 캠핑장에서 무엇을 먹을까요?

캠핑에서 먹는 즐거움을 빼놓을 수 없다. 함께 준비하고 나누는 즐거움이 최고다. 적당량의 음식을 준비해서 짐도 줄이고 낭비도 줄이자. 떠나기 전 미리 식단을 짜서 계획적인 장보기를 해보자.

꼼꼼조언 식단준비 요령

캠핑장으로 가는 길이 멀 때는 간단한 요깃거리를 집에서 챙겨가세요. 이동 중 식사를 대신하면 시간을 줄일 수 있어요. 목적지에 도착해서 짐을 풀고 장비들을 설치하다 보면 식사준비가 늦어지므로 첫 끼니는 간편식으로, 후에 간식거리나 특별식을 만들어 먹어요. 주로 쓰는 야채류는 미리 다듬어서 가져가고 냉동이 필요한 재료들은 적당량씩 나누어 얼려두세요.

4. 캠핑 사이트 꾸리기

캠핑장에 도착했다면 이제 자리를 잡아야 한다. 서두르지 말고 자동차로 천천히 캠핑장을 돌아보면서 명당을 물색해보자. 초보 캠퍼들이 흔히 저지르는 실수는 한적하고 아늑한 사이트를 찾는다고 무조건 구석으로 가는 것. 하지만 이 경우 취사장과 화장실 등 편의시설과 멀 수 있다. 하루 정도 머물다 보면 캠핑이 아주 귀찮아질 수 있다는 것도 유의해두자.

- 자리를 잡을 때 가장 중요한 것은 바닥 상태다. 돌이 많거나 울퉁불퉁하

면 편안한 잠자리를 만들기 어렵다. 배수 상태도 확인해야 한다. 물이 고인 흔적이 있다면 피하는 게 좋다. 비가 왔을 때 텐트 쪽으로 물이 흘러들 수 있는, 기울어진 곳은 피해야 한다.

- 자리를 잡았다면 타프와 텐트를 비롯해 테이블과 의자 등 각종 장비를 배치해야 한다. 캠핑 사이트는 일단 배치를 하고 나면 다시 바꾸기가 어렵다. 특히 타프와 텐트의 위치는 거의 바꾸기가 불가능하기 때문에 신중하게 배치하는 것이 좋다. 햇볕과 바람의 방향, 그늘, 이동 동선 등을 고려해야 한다.
- 사이트를 꾸밀 때, 초보들이 저지르는 가장 흔한 실수는 텐트부터 설치하는 것이다. 하지만 캠핑의 중심은 엄연히 타프다. 텐트는 잠잘 때 잠깐 들어가는 공간일 뿐이다. 캠핑 생활의 70% 이상이 타프에서 이루어진다는 점을 유의하자. 타프의 가장 중요한 임무는 방풍과 차양이다. 그 임무를 잘 수행하기 위해서는 방향을 잘 선택해야 한다. 타프의 옆면이 태양이 지나가는 각도와 바람이 불어오는 방향을 향하게 한다. 그래야 타프의 기울기를 조절해 바람과 햇볕을 막을 수 있다. 바람이 세다면 차를 '바람막이'로 쓰는 것도 한 방법. 차를 타프 옆, 바람이 불어오는 쪽에 주차를 하면 된다.
- 그 다음은 텐트. 텐트는 남의 시선을 가장 덜 받을 수 있는 안쪽에 배치한다. 텐트를 나서면 타프와 키친, 테이블 등 캠핑 사이트가 한눈에 들어와야 한다는 것도 염두에 두자. 텐트는 잠을 자는 공간. 캠핑에서 숙면을 방해하는 가장 큰 적은 바람이다. 펄럭이는 텐트 소리가 시끄러울 뿐만 아니라 흔들리는 폴대가 불안감을 조성한다. 바람에 의한 피해를 줄이려면 텐트를 최대한 팽팽하게 쳐야 한다. 통풍도 고려할 것. 겨울철 폭설이 내리면 텐트 속 공기가 순환되지 않아 질식사 할 수도 있다.
- 텐트 내부도 중요하다. 침낭을 가운데 놓아야 한다. 모서리 부분에는 매트리스가 깔리지 않아 냉기가 올라올 수도 있다. 사각지대에는 가방이나

옷가지 등을 놓아 냉기가 스미지 않게 한다. 머리는 출입구 반대편에 두고 자야 일행이 텐트 밖을 드나들어도 성가시지 않다. 건전지 랜턴, 물 등도 넣어두자.

- 마지막은 가구배치다. 동선에 맞게 가구를 놓아야 효율적인 캠핑을 즐길 수 있다. 타프나 리빙셸의 가운데 메인테이블을 설치한다. 개방형 타프는 정중앙에, 키친 테이블과 공간을 공유해야 하는 리빙셸에서는 중앙에서 한쪽으로 약간 치우치도록 배치한다. 화로테이블은 메인테이블처럼 붙박이로 설치한다. 모닥불을 피울 경우는 타프 밖에, 브리케트 등을 이용해 바비큐를 할 때는 개방형 타프 안에 배치한다.
- 키친 테이블은 요리의 공간이자 캠핑장에서 가장 활용도가 높은 공간이다. 키친 테이블을 중심으로 사물함과 아이스박스, 수납그물망, 설거지통 등을 놓는다. 키친 테이블을 설치했다면 수납함, 워터백, 전기 배선 등의 순서로 사이트를 구성한다.
- 조명도 중요하다. 어두워지기 전에 준비를 마쳐야 한다. 가솔린 랜턴은 연료를 충분히 넣어두고 가스랜턴은 가스통과 랜턴을 연결해두어야 한다. 건전지 랜턴도 광량이 충분한지 미리 점검해둔다. 랜턴을 걸 위치도 미리 정해두어야 한다.
- 타프와 텐트가 결합된 사이트에서 필요한 랜턴은 최소 3개. 하나는 메인테이블을 비추고 다른 하나는 활동의 중심이 되는 공간 위주로 이동한다. 키친이나 화로 테이블 등이 이에 해당한다. 나머지 하나는 건전지 랜턴. 손이 쉽게 닿을 수 있는 곳에 놓아둔다.
- 캠핑은 마무리도 기본 매너다. 자신이 사용했던 공간을 말끔히 정리하는 것은 기본. 쓰레기를 치워야 하는 일은 굳이 이유를 설명할 필요가 없다. 캠핑의 마무리는 다음 캠핑을 준비하는 일이기도 하다. 대충 정리하고 집에 와서 장비를 손봐야겠다는 결심은 집에 도착하는 순간 무너진다. 마무리의 1차 원칙은 '현장에서 끝내라'다. 캠핑을 마치는 날 아침부터 텐트

와 침낭, 조리도구를 말린다. 화로는 재를 털어내고 먼지를 제거한다. 코펠 역시 물기를 완전히 말린 후 정리한다.

모두가 함께하는 캠핑장, 이것만은 꼭!!

1 지정된 장소에 분리수거를 철저히 하자. 캠핑 관리인 혼자만의 일이 아닌 우리 모두의 약속임을 잊지 말자.

2 풀 한포기, 나무 한 그루도 아끼고 사랑하자. 어린 나무에 해먹을 설치하여 나무를 다치게 하거나 사이트 구성을 위해 자연환경을 파괴하는 등의 어리석은 캠퍼가 되어서는 안 된다.

3 반드시 화로대를 사용하고 타고 남은 재는 지정된 장소에 버려야 하며, 사용 후나 취침 전에는 반드시 불씨를 확인하여 안전사고를 예방하자.

4 고성방가, 방뇨, 야간소음, 타 사이트 침범이나 통행 등으로 이웃들의 행복한 순간을 방해해서는 안 된다. 애완견 출입 유무, 주차 위치, 사용 가능한 사이트 범위 등을 잘 지키도록 하자.

5 먹던 음식들이 그대로 쌓여 있고 개방된 공간에 쓰레기며 장비들이 널브러져 있는 모습은 그리 유쾌하지 않다. 사이트 주변 정리 및 청결 유지에도 신경 쓰자.

6 비누, 세제 등의 사용을 최소화하여 자연을 보존하자.

7 사이트 철수 후 배수로나 바닥 공사, 쓰레기, 패킹 자국들의 흔적을 남기지 않도록 주변을 정리한다.

실전!
우리집 캠핑일기

돌을 맞이한 둘째와의 특별한 캠핑

이제 열한 살이 되어 다 커버린 아이. 제 할 일에 빠져 가족이 서먹해질 무렵, 금쪽같은 딸이 태어났다. 그런 딸의 돌을 맞이해 좀더 특별한 축하 방법이 없을까 고민하다 캠핑을 계획했다(사실 그동안 갓난쟁이 딸 때문에 캠핑이 뜸했던 관계로 좀이 쑤신 참이었다). 어른들 말씀대로 뱃속에 있을 때가 좋았다. 내 몸이 좀 무겁긴 해도 태교를 핑계 삼아 출산 전까지는 달랑달랑 캠핑을 다닐 수 있었다. 그러나 아이가 태어나고 나니 모든 게 다 위험천만이었다. 아직 어린 아이에게 야생의 냉혹함을 알려줄 수 없어 미루고 미루던 캠핑. 드디어! 딸에게도 생애 첫 캠핑을 맛보게 해주리라. 아무것도 모르는 아이보다 어른이 더 설레고 기분 좋은, 이른바 첫돌 축하 기념 가족 캠핑! 캠핑장에서 맞이하는 둘째의 돌잔치. 그 특별한 캠핑 준비를 시작해본다.

5월은 캠핑하기 좋은 계절이다. 그러나 어린아이가 있는 캠핑이라면 준비는 더 철저해야 할 터였다. 무엇을 미리 준비해야 할지 메모부터 해보았다. 딸의 첫 생일을 축하해주기로 계획했으니 평소보다 준비해야 할 것이 한 단계 더 있는 셈이었다.

준비 1 언제, 어디로 갈까?

때 2011년 5월 13~15일

장소 연천 한탄강 오토캠핑장

딸의 생일이 있는 주말을 선택했다.
아이가 아직 어려서 장거리 이동은 피하는 것이 상책. 집에서 가깝고, 차 막힐 일 없는 곳으로 결정. 혹 비상시를 대비해 숙박시설이 있는 곳이면 더 좋겠고, 화장실이며 온수, 전기 사용이 편리하고 깨끗한 시설이면 OK.
그날의 날씨 체크 후 캠핑장 예약(악천후면 곤란하다. 어린아이가 있어 더욱). 혹 현지에서 갑자기 텐트 사용이 힘들어지면 사무실에 문의해 보자. 예약 취소되는 캐러반이나 캐빈이 종종 있다.

준비 2 뭘하지?

캠핑 가서 무엇을 할지, 대강의 스케줄을 짜본다. 그래야 필요한 것을 미리 챙겨둘 수도 있고, 식단도 짤 수 있기 때문. 보통은 머릿속으로 대강 스케줄을 짜보고 식단만 체크하는 정도인데, 이번에는 딸의 돌 축하 계획이 있어, 좀더 구체적으로 계획을 세우고 준비하게 되었다.

대강의 스케줄

1day 큰아이 하교 후 출발 – 캠핑장 도착 – 사이트 구축 – 저녁 먹고 담소 – 취침

2day 아침식사 – 돌 기념 가족사진 찍기 – 생일 축하 – 맛있는 저녁 – 취침

3day 아침식사 – 산책 – 정리 – 귀가길 점심 외식 – 집 도착

돌 기념 이벤트는 어떻게?

둘째라 그런지 돌잔치가 크게 와닿지 않았다. 딸에게는 미안하지만. 돌잔치가 다 비슷비슷해서 그런지, 아니면 첫째 때 해봐서 그런지 솔직히 식상했다. 그래서 가족, 친지끼리 모여 식사하고, 우리 네 식구가 캠핑 가서 단출히 축하해주기로 했다. 우리 가족만의 의미 있는 돌잔치! 남편이 사진을 업으로 하고 있으면서도 정작 변변한 가족사진 한 장 없으니, 겸사겸사 우리의 가족사진도 찍어볼까? 우리 가족의 취향을 살린 독특한 가족사진이라니 내가 생각해도 멋지다.

가족이 함께 만드는 돌 축하 케이크, 덕담 카드 쓰기

간단한 돌상 차리기(케이크와 돌떡, 과일 & 포토테이블)

포토테이블(딸의 성장 사진, 오빠와 동생이 함께 찍은 사진, 가족과 찍은 사진 등 사

진 몇 장, 엄마가 만든 덕담 카드 놓기, 캠핑 소품으로 테이블 장식하기 – 호즈키, 콜맨 양초 랜턴, 카메라, 인형 등)

가족사진 찍기, 돌떡, 케이크 나누기(무지개떡, 수수팥떡) + 포장

준비 3 뭘 먹지?

1day　저녁 – 황기닭백숙 + 닭죽

2day　아침 – 밥, 쇠고기 미역국

점심 – 엄마가 만든 케이크, 떡 + 음료

저녁 – 쇠고기 샤브샤브와 월남쌈

3day　아침 – 어묵우동과 주먹밥

점심 – 외식(돌아오는 길에)

간식 – 화로에 구워 먹을 수 있는 고구마, 감자, 단호박

그리고 보관이 쉬운 과일(사과, 바나나)

비상식량 – 라면

꼼꼼조언 이유식 준비

돌이면 아기가 무른 밥 정도는 먹을 수 있으니까, 국이 있으면 편해요. 딸이 함께 먹을 수 있도록 식단을 짰어요. 닭죽과 미역국, 샤브샤브 계란죽 등을 활용하려고 생각 중이에요.

또 하나, 아이가 어른처럼 하루 세 끼만 먹는 게 아니라서 집에서 이유식을 만들어 한 번 먹을 분량만큼 덜어 밀폐용기에 넣어 얼려서 가져가기로 했어요. 출발하는 날 데워 차 안에서 먹이거나 캠핑장에서 데워 간식으로 먹이면 편하기 때문이죠.

간식은 딸도 함께 먹을 수 있는 것으로 준비해서 짐도 줄이고, 번거로움도 줄였어요.

준비 4 짐꾸리기(장비 점검)

장비 체크리스트

텐트&타프　리빙쉘+랜드브리즈4, 이너매트, 발포매트

침낭 침낭 4, 면패드 1장, 담요 2장

랜턴 코베아 갤럭시, 호즈키, 작업등, 콜맨 양초랜턴, 랜턴걸이, 파일드라이버

스토브 콜맨 투버너 스토브, 라이터

테이블 대나무 테이블, 미니테이블 2, 2인용 알루미늄 테이블

의자 테이크체어 2, 콜맨 사방접이식 의자 2

화로 화로세트, 집게, 장갑, 토치

식기 코펠세트, 수저, 식기세트, 컵 4, 더치오븐, 설거지가방, 바스켓

쿨러 콜맨 소프트 쿨러

옷가방 속옷과 양말, 티셔츠, 바람막이 점퍼, 스카프, 모자, 딸아이의 옷가방, 유아손수건

세면도구 세면도구세트, 수건 2, 큰수건 1, 천기저귀 1장, 썬크림, 유아세면도구

기타 휴대용 유모차, 유모차 비닐커버, 기저귀, 물티슈, 비상약품

장비는 체크리스트를 만들어두면 편리하다. 그렇지 않으면 캠핑장에서 아차! 하는 경우가 생긴다. 꼼꼼히 체크해 한 번 만들어두면, 캠핑 갈 때마다 유용하게 잘 사용할 수 있다. 빠진 것이 없도록 장비별로 필요한 물품들을 함께 적어두자. 예를 들면 화로와 관련된 것들(집게, 장갑, 토치, 장작, 차콜, 차콜스타터), 랜턴과 관련된 것들(랜턴걸이, 파일드라이버, 보조랜턴 등) 이런 식으로.

꼼꼼조언 어린아이가 있는 경우 꼭 챙겨야 할 아이템

접이식 유모차, 바람막이 유모차커버 저녁 화롯불 곁에서 시간을 보낼 경우 일찍 잠드는 아이를 지켜볼 수 있어 좋아요. 그리고 산책할 때도 편해요.

바람막이 점퍼 5월이라고 해도 아침, 저녁 그리고 흐린 날에는 쌀쌀해요. 꼭 필요한 아이템.

천기저귀 기저귀를 하는 아이가 있다면 천기저귀가 1장 정도 있으면 편해요. 낮잠 잘 때 얇아서 배를 덮어주기도 하고, 급할 때 수건으로도 활용하죠. 수건보다 부피가 작아 짐쌀 때 편하죠. 물론 집에 있을 경우에 활용하면 좋습니다.

비상약 체온계나 상처연고, 밴드, 해열제 정도 있으면 안심이 돼요.

쿨러와 식재료 체크리스트

건대추, 깐마늘, 찹쌀 1컵, 다진채소

라이스페이퍼 1봉지, 육수, 까나리액젓

양념통에 양념 챙겨 넣기, 김치, 밑반찬(마른 반찬, 김 등)

커피가방 모카포트, 커피, 설탕과 녹차티백

이유식 준비

우선 쿨러에 넣어갈 냉매(얼음팩)를 얼려두어야 한다. 그 다음 식단을 참고하여 장을 봐야 할 식재료와 집에 있는 식재료를 구분해서 체크한다.

준비 5 장보기 2011년 5월 12일

장비, 식재료 장보기 체크리스트 작성

연료 연료가방 체크한 뒤, 화이트 가솔린은 아직 충분하고, 랜턴과 가스토치용 가스 준비(2박 3일이므로 이소부탄 3개, 길쭉한 부탄가스 1개)

장작 현지 구입

음식 재료

닭백숙 (백숙용) 황기 1봉, 닭 1마리

쇠고기 샤브샤브와 월남쌈 샤브샤브용 쇠고기(미역국에도 쓸 예정), 혼합 쌈채소 1봉지, 칼국수면, 속배추 1/2포기, 팽이버섯 2봉, 피망(적,청 각 1개), 오이 1개, 즉석어묵 1봉지, 햄(소) 1개

어묵우동과 주먹밥 즉석우동 4인분량 1봉지(어묵은 월남쌈에 쓰고 남은 것 활용), 김가루

간식 고구마, 단호박(샤브샤브에도 쓸 예정), 과일(사과–월남쌈, 돌상차리기 쓰고 간식으로도 사용 예정 3개, 바나나 1/2송이, 딸기 1팩(소)), 우유(200ml 3팩)

기타 생수, 라면, 돌떡(무지개떡, 수수팥떡 1~2팩-상할 염려가 있으므로 조금만!), 케이크시트, 생크림 1팩

장보기 후 정리와 밑준비

장보기가 끝나면 정리를 해둔다. 연료는 연료통에 넣어두고, 음식 재료들은 쿨러에 넣어야 할 것과 실온에 두어도 될 것들로 정리를 해둔다. 그리고 밑손질이 필요한 것은 미리 손을 봐서 지퍼백이나 밀폐용기에 넣어 냉장 또는 냉동보관을 해두면 편하다.

꼼꼼조언

식재료들의 밑손질은 미리 집에서 손을 봐가면 편리해요. 예를 들어 닭백숙의 경우 황기나 마늘, 건대추 등은 한꺼번에 비닐팩에 넣어두고, 닭은 미리 깨끗이 씻어 준비해두는 거죠. 샤브샤브의 경우 각종 채소들을 씻어 물기를 빼고 비닐팩에 넣어두고, 고기는 얼려서 가져갑니다. 월남쌈은 채소들을 채썰어 밀폐용기에 넣어가고요. 아이가 있으면 캠핑장에서 눈을 뗄 수가 없으니 집에서 손질하는 게 훨씬 편하거든요. 얼릴 수 있는 재료들은 얼려 가면 쿨러의 보냉력도 높여주니 참고하세요.

출발! 2011년 5월 13일

출발 당일. 전날 준비해두었던 짐들을 미리 차에 옮겨 싣는다. 캠핑을 떠날 때마다 느끼는 거지만, 한정된 차 트렁크에 많은 짐들을 효율적으로 싣는 테트리스 신공은 참 어렵다. 큰아이가 학교에서 돌아오면 바로 출발할 수 있도록 신공을 발휘해 미리 실어놓는다.

10:00 차에 짐 싣기 꾸려둔 짐을 차에 싣는다. 전날 짐들을 다 챙겨놓았지만, 출발 당일 체크해야 하는 것은 쿨러다. 상하지 않도록 냉장·냉동해두었던 식재료들을 쿨러에 잘 챙겨넣고 나면 모든 준비가 끝난다.

13:00 출발 점심을 먹고 큰아이를 태워 출발!

14:30 캠핑장 도착 캠핑장 사무실에 들러 예약 확인을 하고, 적당한 자리를 찾는다.

15:30 사이트 구축완료 마땅한 자리를 찾으면, 짐을 꺼내기 쉽게 차를 주차하고 텐트 칠 공간 구성을 하고, 텐트 입구의 방향을 잡는다. 먼저 리빙쉘을 쳐서 자리를 잡고, 돔텐트를 친다. 타프가 있을 경우 타프부터 친다. 타프가 활동의 중심 공간이기 때문. 돔텐트 안에 매트를 깔고 침낭을 세팅해서 잠자리를 꾸린다. 옷가방과 아이 물건들을 꺼내기 쉽게 텐트 안에 넣어둔다. 리빙쉘 안에 테이블과 의자, 주방을 세팅한다. 쿨러와 식재료 박스도 그 옆에 둔다. 텐트 밖에 화로를 세팅한다. 사이트 구축 완료!

17:00 휴식 몸을 움직였으니, 커피 한잔하며 캠핑장에서의 여유를 즐긴다. 아이는 신이 나서 뛰어다닌다.

17:30 저녁식사 준비 & 화로 불 피우기 저녁식사 준비를 한다. 메뉴가 백숙이니 시간이 좀 걸릴 예정. 미리 준비해 올려두면 시간이 해결해줄 것이다. 밑손질 다 해왔으니, 불에 올려두고 아이와 함께 놀아준다. 남편은 큰아이와 화로에 불 피우기 삼매경.

19:00 식사 따끈한 백숙과 함께 저녁식사가 시작된다. 고기를 먹는 사이, 아빠는 술 한잔 곁들이고, 어린 딸은 닭죽을 오물오물 먹으며 느긋한 저녁식사 시간.

20:00 설거지, 뒷정리 남편이 저녁 설거지를 하는 동안, 두 아이는 텐트 안에 들어가 노트북으로 영화를 본다. 나는 뒷정리를 하고, 화로 곁에 앉는다.

21:00 담소 해가 지고 약간 쌀쌀한 날씨. 이런 시간에 화로 곁에 앉아 밤하늘을 볼 수 있는 것이 캠핑의 매력. 가족들이 모여 이런저런 얘기를 나누는 이 시간이 정말 좋다.

21:30 아이들 취침 준비 아이들에게는 길었을 하루. 자, 취침시간!

22:00 남편과 맥주 한잔 아이들이 잠들고, 여유롭게 남편과 맥주 한잔.

23:00 화로정리 및 뒷정리, 취침 화로에 불씨가 남지 않게 물을 부어 불을 완전히 끄고 뒷정리를 한다. 이제 우리도 취침!

캠핑 둘째 날 2011년 5월 14일

둘째날. 캠핑장에서의 아침은 언제나 일찍 시작된다. 밤새 몸부림치는 아이의 침낭을 덮어주는 게 일이다.

7:00 기상, 화로 불 피우기 캠핑장에서 아침과 저녁 날씨는 쌀쌀하다. 남편이 일찍 일어나 화로에 불을 피우고 있다. 담요를 두르고 나와 앉아 화로 곁에서 남편이 타주는 커피 한잔. 좋다.

8:00 아침식사 준비 미역국을 끓이며 아침식사 준비를 시작한다. 미역국은

우리 가족이 모두 좋아하는 국이다. 딸도 좋아하는 미역국. 생일을 축하하는 미역국 대령이오~. 그 사이 아이들도 기상.

9:00 아침식사 집에서 가져온 김치와 김 등 밑반찬과 미역국으로 아침을 먹는다.

10:00 설거지, 뒷정리

11:00 아이들과 산책

12:00 아들과 함께 케이크 만들기, 덕담카드 쓰기 이제 슬슬 딸의 돌을 축하해볼까. 아들과 함께 케이크를 만든다. 생크림과 딸기로 만드는 딸기생크림케이크. 예쁘게 초도 꽂으니 뭐, 봐줄 만하다.

미리 만들어서 가져온 덕담 카드를 가족들에게 내밀었다. 딸과 동생에게 쓰는 덕담카드. 아들은 자기 생일에도 해달라며 내심 부러운 마음을 보인다.

13:00 돌상 차리기 직접 만든 케이크와 가족들이 쓴 덕담 카드, 그리고 1년 동안 찍어두었던 딸의 사진 몇 장을 올려 나름 돌상을 차려본다. 간식으로 사온 과일도 몇 개 올리고, 돌떡으로 2~3팩 사온 떡도 놓고. 제법 그럴 듯하다. 딸~ 생일 축하해~~! 건강하게 자라줘서 고마워~~!

14:00 가족사진 찍기, 케이크와 떡 먹기 오늘은 가족사진을 찍기로 마음먹었던 터라 삼각대에 걸어두고, 남편까지 합세해 가족사진 찰칵. 흐흐 기분 좋은 날이다. 사진도 찍었으니, 케이크와 떡으로 점심을 대신한다. 정말 맛있다.

15:00 딸 낮잠 재우기, 케이크, 떡 포장, 이웃과 나누기 낮잠시간 정확한 우리 딸. 낮잠을 재우고, 큰아이와 앉아 덜어두었던 떡과 케이크를 간단하게 포장한다. 이웃 캠퍼들과 나누기 위해서다. 돌이니 많이많이 나누는 게 좋겠지. 그런데 짐이 많아 조금밖에 준비 못했다. 아쉽지만 이거라도 나누자. 포장이 끝나고 아이에게 배달 심부름.

16:00 휴식(각자 자유시간 – 독서, 장비 정리, 영화 보기, 야구 등) 나는 엊저녁 사용한 더치오븐 시즈닝을 하고, 아빠는 화로를 손본다. 아들은 독서중. 아빠 왈, "아들, 이거 끝나고 캐치볼 어때?"

낮잠시간 정확한 우리 딸. 낮잠을 재우고,
큰아이와 앉아 덜어두었던 떡과 케이크를 간단하게 포장한다.
이웃 캠퍼들과 나누기 위해서다. 돌이니 많이많이 나누는 게 좋겠지.
그런데 짐이 많아 조금밖에 준비 못했다. 아쉽지만 이거라도 나누자.
포장이 끝나고 아이에게 배달심부름.

17:30 저녁식사 준비, 화로 불 피우기 평소에는 간단히 먹었지만, 날이 날이니만큼 특별메뉴를 준비했다. 아들에게는 채소도 함께 먹일 수 있는 절호의 기회이기도 하다. 밑손질 다해왔으니, 육수 부어 간만 맞추면 된다. 야호~!

18:30 저녁식사 샤브샤브고기를 월남쌈에 넣어 싸먹어도 맛있다. 딸은 칼국수와 계란죽으로 맛있게 냠냠.

20:00 설거지, 뒷정리

21:30 아이들 취침준비

23:00 뒷정리 후 취침 길었던 하루. 무엇보다 딸의 생일을 즐겁게 보낼 수 있어서 다행이다. 오늘의 수확은 가족사진. 야호!

캠핑 셋째날 2011년 5월 15일

7:00 기상, 화로 불 피우기, 커피 한잔

8:00 아침 준비 어제 쓰고 남았던 어묵을 넣고 뜨끈한 우동을 끓인다. 그동안 김 가루를 넣고 주먹밥을 만든다. 우리가 먹을 한 입 크기 주먹밥과 딸이 먹을 조그만 동글동글 주먹밥.

9:00 아침식사 국수 좋아하는 아이들에게 우동은 참 편하다. 부족하지 않게 주먹밥으로 든든하게 보충해준다.

10:00 설거지, 뒷정리, 산책 설거지와 뒷정리를 한다. 코펠과 식기류는 물기가 잘 빠지도록 해둔다. 파일드라이브 두 개에 스트링을 걸어 침낭도 널어 말린다. 뒷정리 후 아이들과 산책에 나선다. 바로 옆 공원까지 갔다가 아이들과 함께 뛰놀며 사진도 찍고. 즐거운 시간.

11:00 철수 준비 이제 슬슬 돌아갈 준비를 해야 한다. 모든 장비는 돌아가서 다시 손보지 않아도 될 정도로 손을 봐서 짐을 꾸리는 것이 좋다. 텐트 안, 침낭과 옷가방 정리부터 하고, 리빙쉘 안 주방용품 정리를 한다. 텐트와 리빙쉘을 걷고, 테이블과 의자를 접어 넣으면 된다. 쓰레기 분리수거와 화로

재 버리기, 사이트 뒷정리를 말끔히 끝내면 출발준비 끝.

12:30 집으로 출발

13:30 집 근처에서 점심

14:00 집 도착, 짐 정리

여자들, 캠핑을 디자인하다

두 여자의 캠핑기

어느새 나무에는 초록빛 물이 오르고, 싱그러움은 숲을 이뤘다. 녹음이 짙어지는 7월 어느 날, 캠핑 경력 3년차인 여자 둘은 집안일과 아이들을 남편들에게 맡겨두고, 의기투합해 초여름 자연 속으로 캠핑을 떠나기로 했다. 말 그대로 '여자들만의 캠핑'. 늘 똑같던 일상을 벗어나 과감하게 떠나는 여자들만의 캠핑은 어떨까? 모든 준비를 끝내고 설레는 마음으로 포천 감악산캠핑장으로 출발했다.

14:00 캠핑장 도착. 하늘도 푸르고, 산도 푸르다. 어디가 좋을까? 고민하는 우리에게 눈에 쏙 들어온 자리는 하늘과 숲이 가득 담긴 연못가 커다란 나무 아래.

차에서 짐을 내리고 먼저 타프를 친다. 여름 햇빛을 피해 소중한 그늘을 만들어줄 것이다. 다음은 오늘 밤 우리의 보금자리를 만들어줄 텐트를 친다. 혹시 모를 바람에도 텐트가 흔들리지 않게 팩도 단단히 박아둔다. 여자들이라고 이런 걸 못할 리는 없다. 든든한 우리의 아늑한 보금자리 완성~.

16:00 땀 흘리며 일했으니 이제 시원한 바람을 만끽하며 느긋하게 여름날

Coleman
snow peak
snow peak
snow peak
snow peak
snow peak

의 오후를 즐겨볼까. 테이블을 펴고, 커피부터 준비한다. 대충 테이블을 정리하는 동안 커피가 만들어진다. 자, 우선 커피 한 잔 하며 우리에게 주어진 이 여유로움을 즐기자. 오늘은 뭘 해먹을까? 어떤 게 맛있을까? 끝없이 이어지는 여자들의 수다. 그리고 우아한 커피 타임.

17:30 이제 한두 시간 후면 해가 질 것이다. 지금 저녁 준비를 하면 해가 질 즈음 맛있는 저녁식사 시간을 지킬 수 있을 거야. 오늘 저녁 메뉴는 야외에서 즐기는 바비큐.
우선 화로에 불을 피워 숯을 만들어야 한다. 잘 마른 장작을 화로에 차곡차곡 올린다. 바람이 잘 통하도록 적당히 간격을 두면서. 토치를 이용하면 착화제를 따로 쓰지 않아도 쉽게 불을 피울 수 있다. 장작에 불이 붙더니 이내 빨간 불씨를 품은 숯이 된다. 그 위에 그릴을 올리고 준비해온 바비큐 재료들을 하나씩 올려 굽는다. 고기도 올리고, 해물도 올리고, 올리브 오일을 발라 살짝 구운 채소들도 맛이 일품이다. 이런 날 빠질 수 없는 와인 한 잔. 시원한 맥주도 우리들의 저녁을 더욱 빛내준다.

20:00 맛있는 저녁식사와 뒷정리를 끝내고, 모닥불가에 앉았다. 무더운 여름 날씨지만, 캠핑장에서의 밤은 서늘하다. 모닥불가에 앉아 밤이 늦도록 이런저런 이야기를 나눈다. 이런 자유와 여유가 얼마 만인가, 또 아이들 이야기, 남편들 이야기, 그리고 모든 일상을 내려놓고, 이렇게 떠나온 놀라운 우리들 이야기…….

7:00 캠핑장에서는 이렇게 늘 일찍 눈이 떠진다. 못 다한 정리를 하다 보니, 어느새 오전 7시. 연못가에 피어오르는 아침 안개 속에 모닝커피 한 잔. 따끈한 커피 한 잔에 몸을 녹이고, 아침 안개에 이끌려 산책을 간다. 단풍나무, 은행나무, 소나무들 사이로 천천히 걸으며 아침 공기를 마시는 기쁨을

누려본다.

9:00 산책을 마치고 베이글과 베이컨으로 간단히 아침식사를 한다. 더치오븐에 약간의 물을 붓고 트리벳 위에 베이글을 올려 10분 정도 데우면 말랑말랑하고 쫄깃한 베이글이 완성된다. 그 위에 크림치즈 발라 고소한 아침식사 끝.

11:00 1박 2일의 여유로움을 접어야 할 시간. 번잡한 일상에서 느긋하고 우아하게 보낸 이 시간을 영영 잊지 못할 것이다. 텐트를 걷고, 뒷정리를 한다. 다시 일상으로 돌아가 충전한 자연의 기운을 가족들에게 안겨줄 것이

다시 일상으로 돌아가
충전한 자연의 기운을 가족들에게 안겨줄 것이다.
텐트를 걷으며, 다시 캠핑 떠날 생각에 설레기 시작한다.

다. 그렇다면 다음 캠핑은 가족들 모두와 함께~. 텐트를 걷으며, 다시 캠핑 떠날 생각에 설레기 시작한다.

Must Have Item for Women

스노우피크 리빙셀&랜드브리즈 4

여성 캠퍼들의 아늑한 하룻밤을 책임져줄 거실과 침실이 필요하다. 스노우피크 리빙셀은 비바람을 막아주는 든든한 거실 역할을 한다. 웬만한 바람과 비에도 끄떡없다. 랜드브리즈 4는 무게가 가볍고, 수납 부피도 작아 여성들에게 알맞다. 텐트 속의 아늑한 분위기도 최고. 설치도 간단하다.

콜맨 노스스타 랜턴

랜턴의 성능과 역사를 자랑하는 콜맨의 대표 랜턴, 북극성 노스스타. 자연을 닮은 은은한 불빛은 어떤 랜턴도 따라올 수 없으며, 광량도 최고다. 기온이 떨어져도 밝기에 문제없는 화이트 가솔린 랜턴. 살짝 어두워지면 펌핑을 해주세요.

스노우피크 더치오븐

어떤 요리도 다 해낼 수 있는 만능의 검은 무쇠솥. 그래서 '블랙매직'이라는 별명이 붙었다. 쓰면 쓸수록 반질반질 윤을 내는 이 무쇠 솥은 요리 온도를 지켜주어 재료의 깊은 맛을 내게 해준다. 이것 하나면 그야말로 나는 캠핑장의 일류 셰프다.

snow peak

스노우피크 칼도마세트

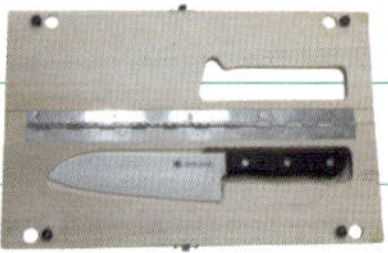

요리의 기본 도구인 칼도마세트. 날이 잘 선 칼도 일품이지만, 날카로운 칼을 안전하게 수납하면서 동시에 도마의 용도로도 쓸 수 있는 이 제품은 캠핑장의 주방에서 없어서는 안 될 소중한 조리 도구.

스노우피크 티타늄컵

티타늄으로 만든 다용도 컵. 다른 컵에 비해 가볍고, 손잡이가 접혀 수납도 만점인 활용도 높은 컵이다. 티타늄의 잿빛 컬러는 화로에 올려도 무방해서 편리하다.

스노우피크 화로

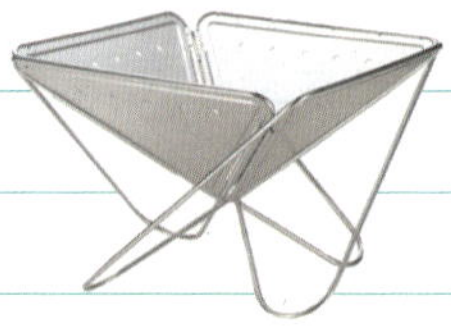

캠핑장에서 빠질 수 없는 낭만과 추억을 선사하는 화로. 쓰면 쓸수록 손때가 묻어 함께한 시간들을 고스란히 간직한다. 쓰고 또 쓰고 대를 물려주어도 좋을 캠핑의 꽃, 화로.

남편의 솔로 캠핑일기

바람이여 고마웠네!

텐트와 다운 침낭, 알루미늄 미니테이블, 가스 스토브, 티타늄 솔로 쿠커 세트, 커틀러리 세트, 건전지 랜턴, 비상용 양초 랜턴 하나 더, 스프링 방식의 캠핑용 커피 드리퍼.

배낭에 담겨 있는 물품의 목록이다. 제주도로 2박 3일 일정의 캠핑을 떠나는 길이다. 제주항공 제주행 김포발 8시 30분 비행기를 기다리고 있다.

두 해 전 겨울이었다. 오토캠핑을 하며 제주를 열흘 동안 여행했다. 요즘 유행하는 커다란 오토캠핑용 텐트를 가져갔다. 자동차 트렁크에 텐트와 침낭, 테이블, 의자, 코펠 등 장비와 쌀, 김치, 햄, 물 등 먹을거리를 가득 싣고 완도에서 배를 타고 제주항으로 들어갔다. 더치오븐까지 싣고 갔다.

힘들었다. 바람 때문이었다. 제주의 바람은 밤마다 텐트를 흔들어댔다. 텐트가 펄럭이는 소리에 잠을 이루지 못했다. 바람은 텐트를, 아니 제주라는 섬을 통째로 날려버릴 것처럼 거세고 사나웠다. 장비와 짐을 몽땅 텐트 속에 처박아두고 차에서 잠을 잤던 적도 있었다. 뭍에서 잔뜩 싣고 온 장비는 오히려 짐스러웠다. 철수를 하려고 해도 엄두가 나지 않았다.

이번에는 최소한의 장비만으로 단출하게 짐을 꾸렸다. 배낭 무게 15kg. 일정은 2박 3일이다. 다랑쉬오름과 용눈이오름, 따라비오름을 오르고 걸을 예정이다. 비자림에도 가볼 작정이다. 4월의 제주는 바다보다는 중산간이 아름답다. 바다 쪽보다는 바람이 덜해 텐트를 치기에도 좋다. 게다가 관광버스를 탄 단체관광객으로 북적이는 바다 쪽보다 훨씬 한적하고 조용하다.

맥주 한 깡통, 스팸 한 조각의 사치

제주공항에 도착해 렌터카를 받은 후 연료와 간단한 먹을거리를 준비했다. 이소부탄 3통, 라면 1개, 햇반 2개, 스팸 1개, 김치 2봉지, 물 3통, 캔맥주 2개, 소주 1병, 삼겹살 150g. 그리고 모구리 야영장으로 차를 몰았다.

예상대로 바람이 만만치 않았다. 텐트를 치지 못할 정도는 아니었지만 밤에는 좀 괴로울 것 같았다. 모구리 야영장은 산굼부리 근처에 자리하고 있는데, 바람이 비교적 많이 부는 지역이다. 야영장 옆에는 풍력발전기도 몇 기 서 있다. 관리사무소 옆에 오토캠핑용 텐트가 한 동 서 있었는데, 캠퍼는 이틀째 모구리에서 지내고 있다고 했다. "바람소리 때문에 이틀 동안 잠을 못 잤어요. 오전 중에 철수할 거예요." 퉁퉁 부은 얼굴의 캠퍼는 고개를 절레절레 흔들며 말했다.

모구리 야영장에서의 캠핑을 포기하고 다랑쉬오름 근처로 이동해 텐트 칠 만한 곳을 물색했다. 다행히 적당한 곳이 눈에 띄었다. 삼나무 울타리가 둘러져 있어 바람을 걸러주었다. 돌멩이를 치우고 잡풀과 갈대를 대충 정리하자 그럭저럭 텐트 한 동이 들어설 만한 자리가 만들어졌다. 그리고 곧바로 다랑쉬오름으로 향했다.

가장 제주다운 풍광을 꼽으라면 아마도 오름일 것이다. 높지도 낮지도 않은 구릉이 이리저리 이어진 제주도의 동쪽 들녘은 오름의 천국이다. 높은 오름, 돛오름, 다랑쉬오름, 아끈다랑쉬오름, 채오름, 거문오름, 샘이오름, 윗밤오름, 알밤오름, 용눈이오름 등 수없이 많은 오름들이 흩어져 있다. 차를 타고 가다 보이는, 평지에 불쑥 솟아오른 것들은 다 오름이다.

snow peak

snow peak
500
titanium

snow peak
snow peak

다랑쉬오름 정상에서 바라보는 풍광은 장쾌하다. 정상에 오르면 시야가 확 트인다. 한라산이 손에 잡힐 듯 가깝다. 아직 정상엔 흰 눈을 이고 있다. 북서쪽으로 비자림과 돋오름, 남동쪽으로 용눈이오름, 중산간의 풍력발전소 등이 잘 보인다. 멀리 제주의 북쪽과 동쪽 해안까지 아스라이 눈에 들어온다.

해질녘까지 다랑쉬오름에 있다가 햇빛이 사위어갈 때쯤 낮에 봐둔 사이트로 와서 텐트를 쳤다. 사이트를 정리하는 동안 해는 졌고 주위는 칠흑같이 어두워졌다. 슬슬 무서워지기 시작했다. 주위는 웅웅거리는 바람소리와 서걱이는 갈대 소리로 가득했다.

스토브 위에 쿠커를 세팅하고 물을 끓였다. 뭔가 따뜻한 것을 먹으면 마음이 진정될 것 같아 집에서 가져온 콘수프 봉지를 데웠다. 물이 끓는 소리가 들리자 마음이 한결 편안해졌다. 눈도 어둠에 익숙해져 주위가 어슴푸레 보이기 시작했다. 콘수프를 컵에 부어 먹은 후 쿠커 뚜껑에 돼지고기를 익히기 시작했다. 소금만 살짝 뿌렸다. 그리고 맥주 한 깡통. 저녁식사였다.

아이폰 스피커로 카우보이 정키스와 누자베스를 들었다. 고기는 지글거리며 익어갔고 나는 맥주를 마셨다. 가끔 서울에 두고 온 일들이 떠올랐지만, 제주에 있는 동안만은 깨끗이 잊어버리기로 했다.

식사를 마치고 맥주 한 깡통을 더 마시며 후지와라 신야의 짧은 여행기 몇 편을 읽었다.

"그 겨울에 겪었던 아일랜드의 찬바람이 내 몸 어딘가에 스며들고 있다는 느낌을 지울 수 없었다. 아이리시해협의 사나운 바다가 내게 에너지를 준 것이다. 그 에너지로 나는 글을 쓸 수 있었다. '바람이여, 고마웠네'라고 인사하고 싶어진다."(후지와라 신야, 『여행의 순간들』)

그의 글에 가슴이 먹먹해져 고개를 들어 바라본 밤하늘에는 별이 가득했다.

아침에 새들이 지저귀는 소리에 잠에서 깨어났다. 어젯밤 먹다 남은 고기 몇 점을 텐트 주변에 뿌려놓았는데 아마도 까마귀가 먹은 모양이었다. 텐트에 묻은 나뭇잎과 먼지를 터는데 멀리서 '까악' 하는 소리가 들려왔다. '잘 먹었습니다'

하는 인사처럼 들렸다.

아침식사는 햇반과 스팸 서너 조각 그리고 김치 한 봉지. 날씨가 많이 따뜻해져 얇은 윈드 스토퍼만 입고 있어도 춥지 않았다. 가볍게 아침식사를 마치고 커피를 내렸다. 텐트 주위는 곧 진한 커피 향으로 가득했다.

이른 아침 햇살을 맞으며 텐트 앞에서 커피를 마시는 시간. 아마도 나를 비롯한 캠퍼들이 가장 사랑하는 순간일 것이다. 커피를 마시며 텐트에 맺힌 이슬이 서서히 말라가는 것을 지켜보고 있노라면 세상은 완벽하며 아무런 탈 없이 잘 굴러가고 있는 생각이 든다.

오늘 아침 첫 목적지는 용눈이오름. 용눈이오름은 남북으로 비스듬히 누운 모습이 용을 닮았다고 해서 이름 붙었다. 모두 3개의 봉우리가 있는데 등성이마다 왕릉 같은 새끼봉우리가 봉긋봉긋하다. 오름의 형세가 용들이 놀고 있는 모습이라는 데서 용논이(龍遊), 또는 마치 용이 누워 있는 형태라는 데서 용눈이(龍臥)라고도 불린다.

주차장에서 용눈이오름 능선까지는 10분 거리. 능선을 한 바퀴 도는 데도 20분이면 충분하다. 용눈이오름의 수많은 매력 중 하나는 능선 너머로 다랑쉬오름, 둔지오름, 따라비오름 등 중산간의 크고 작은 오름과 한라산이 다정한 이웃처럼 겹쳐 보인다는 점. 정상에 오르면 멀리 동쪽으로 성산포와 우도가 아스라히 보이고 김녕과 세화를 잇는 해안도로 변에 놓인 풍차가 힘껏 돌아간다.

신비로운 숲 비자림

용눈이오름을 내려와 텐트를 걷었다. 그동안 텐트는 충분히 말라 있었다. 사이트를 정리한 후 비자림으로 향했다. 4월의 제주를 가장 잘 느낄 수 있는 방법 가운데 하나는 비자림을 산책하는 일. 구좌읍 평대리에 자리한 비자림은 신비로운 숲이다. 아름드리 고목 수백 그루가 숲을 이루고 있다.

비자림의 넓이는 13만 5,000평에 달한다. 수령 300~800년의 고목 2,800여 그루가 모여 있다. 세계적으로도 희귀한 숲이다. 비자림은 산책하기 좋다.

산책로가 잘 닦여져 있다. 울창한 숲 사이로 봄 햇살이 새어들어와 부챗살처럼 퍼진다. 숲은 싱그러운 내음으로 가득하다. 비자나무 몸뚱이를 칡넝쿨처럼 감고 있는 주사철(기생나무의 한 종류)과 촉촉하게 물기 어린 나무 위에 자란 난초가 숲의 싱그러움을 더한다. 바닥에 깔린 검은 화산토는 발소리까지 빨아들일 것처럼 부드럽다. 비자림은 마치 현실세계에서 한 발짝 벗어난 듯한 느낌을 준다. 정말이지 허락만 된다면 이곳에서 텐트를 치고 하루쯤 묵고 싶다.

비자림을 나와 교래손칼국수에서 칼국수로 점심을 먹고 따라비오름으로 향했다. 꼭 한 번 가보고 싶었던 오름이다. 제주에 사는 지인이 추천해준 곳이다. 정상에 올라 바라보는 풍경이 다랑쉬오름 못지않다고 했다.

서귀포시 표선면 가시리에 자리잡은 따라비오름의 높이는 342m, 실제 오르는 높이는 100m가 좀 넘는다. 한 바퀴 돌고 내려오는 데 2시간이면 넉넉하다. 따라비란 이름은 오름 동쪽에 모지(어머니)오름, 장자(큰아들)오름, 새끼오름 등이 서로 따르는 모양이라 이렇게 부른다고 한다.

철조망을 지나 오름 안으로 들어가면 나무 계단으로 된 오름 트레일이 보인다. 초입의 숲 부분을 지나면 억새로 뒤덮인 민둥오름이라 시야가 환하다. 나무 계단을 따라 20여 분 오르면 정상에 도착하는데 멀리 태흥리와 남원리 바다가 아스라하다. 굼부리(분화구) 능선을 오르자 전망이 드러나기 시작한다. 밑에서 보던 것과는 딴판으로 많은 봉우리와 굼부리를 거느리고 있다. 시계 반대 방향으로 돌면서 펼쳐진 조망을 감상한다. 첫 봉우리에 올라서니 동쪽 가까이 모지오름의 큰 품이 보인다. 그 뒤로 한라산이 살짝 고개를 내밀었고, 멀리 우도의 우도봉 머리가 가물가물한다. 구좌읍 송당 일대의 높은오름, 백약이오름, 동검은오름, 좌보미오름 등이 어울려 빚어내는 스카이라인도 아기자기하다.

파도소리는 텐트 앞까지 밀려오고

여기는 우도다. 따라비오름을 내려와 우도로 왔다. 성산항에서 오후 5시 배를 타고 우도에 도착한 시간이 오후 5시 15분. 번잡한 서빈백사 해수욕장이 아닌 하고수동 해변에 텐트를 쳤다. 하고수동 해변 위쪽에 잔디밭이 조성되어 있는데 텐트 설치가 가능하다.

텐트를 치자 날이 어두워졌다. 수평선에 어화가 하나 둘 불을 밝혔고 밤하늘에는 별이 돋기 시작했다. 바람은 점점 거세지지만 춥지는 않다. 온도계를 보니 기온은 섭씨 9도. 침낭 속에 들어가 있으니 따뜻하다. 바람에 밀려온 파도소리가 텐트 앞까지 침범한다. 팩 당김줄을 당기며 '바람이여 고마웠네'라고 후지와라 영감의 책 한 줄을 소리 내어 읊조린다.

흔들리는 랜턴 불빛 아래에서 요제프 쿠델카의 사진집을 보고 있다. 요제프 쿠델카는 집시 사진으로 널리 알려져 있다. 1938년 태어난 그는 '프라하의 봄'이 실패로 돌아가자 1970년 체코슬로바키아를 떠난다. 그리고 평생을 무국적자로 유랑하며 살아간다. 『Gypsies, 1975』, 『Exiles, 1988』, 6×17 파노라마로 촬영한 『Caos, 1999』 등이 그가 펴낸 사진집이다. 1974년 정식 매그넘의 회원이 됐고 지금도 세계에서 가장 사랑받는 사진가 가운데 한 명이다.

여행지에서 그의 사진집을 펼쳐보곤 한다. 퀴퀴한 냄새로 가득한 여관방에서, 광폭한 바다 앞에서, 끝없이 도망가는 길 위에서, 내 여행이 외롭거나 막막해질 때면 요제프 쿠델카의 사진집을 꺼내들었고 그가 보여주는 연민과 위로에서 다시 살아갈 몇 모금의 물을 얻곤 했다.

내일 아침 일찍 우도 여행에 나설 것이다. 검멀레 해안을 돌아보고 우도봉에 오를 것이다. 그리고 다시 제주로 가서 가보지 못한 오름을 오를 것 같다. 아니, 어쩌면 여기 우도 바닷가에서 하루 이틀쯤 더 머물지도 모르겠다. 우도에 들어와 김포행 비행기표를 취소해버렸다. 지난번 제주 캠핑 때도 이랬다. 3박 4일 일정으로 왔다가 열흘 동안 머물렀다. 언제나 이런 식이다.

가는 법

제주로 오토캠핑을 떠난다면 목포나 완도에서 차를 배에 싣고 가는 것이 좋다. 완도에서 한일카훼리(1688-2100)가 운항한다. 약 3시간 30분 소요. 목포에서 씨월드 고속훼리(1577-3657)가 운항한다. 약 5시간 소요.

계절

제주도 캠핑은 사계절 내내 가능하다. 그러나 어느 계절에 갔는가에 따라 제주의 분위기와 캠핑의 매력은 천양지차다. 특히, 일기가 나쁜 경우 제주도 캠핑은 안 가니만 못하다. 따라서 계절과 시기를 고려할 필요가 있다.

제주도 캠핑은 여름이 최고다. 캠핑장은 물론 해수욕장에서도 캠핑을 할 수 있다. 그러나 육지와 마찬가지로 번잡하다. 제주도 현지인들도 캠핑장 구하기가 만만치 않다. 또 최고 성수기다 보니 배편 예약도 쉽지 않다. 물가도 비싸다. 따라서 7월 말에서 8월 초에 이르는 최고성수기는 피하는 게 현명하다. 날씨도 변수다. 6월 중순을 넘어가면 장마가 시작된다. 장마철에 제주에서 캠핑을 하는 것은 끔찍하다. 8월 말부터는 우리나라가 태풍의 영향권에 드는 시기다. 태풍이 예고되면 일정을 취소해야 한다. 태풍이 불면 며칠씩 제주에 발이 묶일 수도 있고, 텐트는 엄두도 못 내고 호텔이나 펜션 신세를 질 수도 있다.

경력이 있는 캠퍼라면 봄에서 초봄(4월~6월 중순)과 늦여름에서 가을(9월 초순~11월 중순)을 추천한다. 이때는 성수기에서 한 발 비껴나 있어 캠핑장도 여유가 있고, 오가는 배편 예약도 쉽다.

시장 보기

제주도는 어쨌든 섬이다. 뭍과 비교하면 부족한 게 많다. 해산물을 제외하면 가급적 떠나기 전에 준비하는 게 좋다. 만약 필요한 게 있다면 제주시와 서귀포시에 있는 대형할인마트를 이용한다. 다른 곳은 구멍가게 수준이다. 해산물은 제주 동문시장이나 서귀포 중앙시장을 이용하는 게 좋다. 현지인들이 이용하는 시장이라 싱싱한 해산물을 저렴하면서 푸짐하게 구입할 수 있다. 성산포 수협직매장에서는 경매가 끝난 후 자투리로 남은 해산물을 저렴하게 팔기도 한다. 넉살이 좋으면 물질을 끝내고 나오는 해녀에게 문어나 소라 등을 착한 가격에 살수도 있다.

추천 캠핑장

모구리캠핑장

제주도에 진정한 의미의 오토캠핑장은 없다. 대부분은 캠핑 사이트까지 차량을 접근시켜 짐을 내린 후 차량은 지정된 장소에 주차하도록 설계되어 있다. 모구리캠핑장도 예외는 아니다. 그러나 시설은 수준급이다. 특히, 100팀 이상을 수용할 만큼 대규모로 조성됐고, 다양한 편의시설을 갖추고 있다. 오름을 산책하는 코스도 마련됐고, 극기훈련장과 서바이벌 캠핑장도 있다. 또 아스팔트 싱글로 포장된 다목적 운동장도 있다. 산책로를 따라 오름 정상에 서면 동쪽으로 성산 일출봉이 손에 잡힐 듯이 보인다.

LOCATION 제주도 남제주군 성산읍 난산리 2960-1 / **TEL** 064-760-3408

서귀포자연휴양림

가족야영장과 오토캠핑장 등을 갖추고 있다. 나무데크가 설치되어 있어 텐트를 치기 쉽다. 편백숲 산림욕장도 있어 가족 캠핑에 알맞다.

LOCATION 제주도 서귀포시 대포동 산 1-1번지 / **TEL** 064-738-4544

돈내코 야영장

서귀포시에서 가깝다. 사이트는 두세 팀, 네다섯 팀 정도가 함께 캠핑을 할 수 있도록 나뉘어 있다. 계단 형식으로 조성되어 직접 짐을 날라야 하는 번거로움이 있다.

LOCATION 서귀포시 상효동 1459번지 / **TEL** 064-733-1584

우도 하고수동 해변

섬이 오목하게 파인 곳에 자리해 바람과 파도가 없다. 주차장과 샤워장, 화장실 등의 시설도 잘 갖춰져 있다. 여름에는 야영객이 몰려 캠핑공간을 확보하기가 만만치 않다. 그러나 봄가을에는 호젓하게 캠핑을 즐길 수 있다. 우도는 제주도보다 식료품이나 잡화를 구입할 수 있는 여건이 훨씬 더 나쁘다. 편의점은 대부분 음료수나 물 정도를 파는 게 전부다. 식료품이나 필요한 물품은 우도로 들기 전에 구입해야 한다.

클린 & 에코 캠핑

캠핑은 마무리가 중요하다. 캠핑장을 떠나기에 앞서 사이트를 깨끗하게 정리하고 사용했던 장비를 말끔하게 손질해두어야 한다. 피곤하다고 '집에 가서 하지' 하며 미루지 말자. 캠핑을 마치고 집으로 돌아오면 몸도 마음도 피곤하다. 어마어마한 장비를 다시 꺼내 손질할 엄두가 나지 않는다. 좀 귀찮더라도 현장에서 끝내는 습관을 들이자. 캠핑 마무리는 다음 캠핑을 위한 첫 준비단계이기도 하다.

깔끔한 장비 손질은 장비의 수명을 연장시킨다. 씻지도 않은 코펠을 그대로 담아두거나 젖은 텐트를 가방 속에 그대로 넣는 일은 장비를 일부러 망가뜨리는 일이다. 뒷정리는 캠핑장에서 철수하는 날 아침부터 시작한다.

- 먼저 침낭. 아침에 일어나자마자 플라이의 스트링 위에 펴서 넌다. 침낭은 캠핑장에서 말리는 것이 가장 좋다. 캠핑장만큼 햇살이 많이 들고 통풍이 잘 되는 곳은 없다. 그 다음은 화로다. 재를 털어내고 키친타월 등으로 화로를 청소한다. 코펠도 깨끗이 세척한 후 말리고 아이스박스나 쿨러는 마른 걸레나 행주로 닦아낸다. 그리고 자질구레한 장비들을 수납하고 테

자연을 훼손하는 일은 절대 하지 말아야 한다. 되도록이면 풀 한 포기, 나뭇가지 하나도 건드리지 않고 캠핑을 즐기는 마음가짐을 갖는 것은 기본 중의 기본이다.

이블과 의자를 접는다. 텐트와 타프는 마지막에 걷는 것이 좋다.

- 비가 오거나 날씨가 좋지 않은 경우, 부득이하게 집으로 돌아와 장비를 손질해야 할 때가 있다. 이때 가장 문제가 되는 것이 텐트와 침낭이다. 비에 젖은 텐트는 거실에서 물기를 제거하는 것으로 '응급처치'를 한다. 선풍기를 틀어두면 좋다. 하지만 텐트를 말리는 가장 좋은 방법은 텐트를 치는 것이라는 사실을 알아두자.
- 침낭은 가급적 세탁을 하지 않는 것이 좋지만 굳이 세탁을 해야 할 상황이라면 손빨래를 하도록 한다. 욕조에 넣고 세제를 뿌린 후 발로 밟아가면서 빤다. 말릴 때는 소쿠리에 담아 자연스럽게 물기를 뺀다. 수분이 어느 정도 빠지면 통풍이 잘 되는 그늘에서 말린다.
- 집으로 돌아와서는 많이 사용했거나 소진된 연료, 쌀, 조미료 등처럼 상온에 오래 둬도 변질되지 않는 것은 미리 채워둔다.
- 캠핑장은 공동 생활공간이기도 하다. 기본적인 에티켓을 지켜야 한다. 가장 문제가 되는 것이 밤늦은 시간까지 소란을 피우는 것. 아이들이 잠자리에 드는 저녁 9시 이후에는 가급적 조용조용 이야기를 나누도록 하자.
- 오토캠핑은 자연을 즐기는 일이기도 하다. 자연을 훼손하는 일은 절대 하지 말아야 한다. 되도록이면 풀 한 포기, 나뭇가지 하나도 건드리지 않고 캠핑을 즐기는 마음가짐을 갖는 것은 기본 중의 기본이다.
- 쓰레기는 한 조각도 남기지 말며 분리수거 원칙은 철저히 지킨다. 설거지할 때도 되도록 세제를 사용하지 않고 그릇을 물로 씻어낸 뒤 휴지로 깨끗이 닦는다. 일회용 접시나 수저, 컵 등 일회용품을 되도록 사용하지 않는 것도 에코 캠핑의 첫걸음이다.

CAMPING!

3장. 도란도란 캠핑요리 즐겨봐요!

한눈에 보는 우리 캠핑장 부엌

여러 가지 조리 기구

더치오븐 | 스킬렛 | 그릴 | 오븐 | 철판 | 마이크로오벌 | 마이크로캡슐 | 토스터기

캠핑 한상차림

매일 먹는 밥상차림 | 두루두루 같이 즐겨요 | 하나로 때우자

힘을 주는 고기요리 | 아이들이 좋아라

스토브 주방의 화력. 원버너와 투버너를 잘 골라 준비해 두면 두고두고 남부럽지 않은 캠핑을 즐길 수 있다. 화력 걱정은 가라~ | 코펠 경력이 붙을수록 다양한 쿠커세트를 갖추게 된다. 처음 캠핑을 시작하는 이들에게는 관리하기 좋은 세라믹 코펠을 추천한다 | 식기세트 종류가 많다. 자신에게 맞는 식기세트를 골라보자. 구성을 다양하게 하면 쓸모가 많다. 처음 시작할 때는 시장 그릇가게에서 산 스테인레스 그릇도 좋다. 포개지는 것으로 구입 | 조리도구 집에서 사용하는 것도 무방하다. 하지만 '간지'를 내고 싶다면 전문 캠핑용품사의 것을 추천. 수납가방이 있다면 더욱 좋다 | 시스템 키친 고가의 장비다. 처음부터 장만하지 말고(반드시!!) 캠핑이 지겨워지고 귀찮아질 때 장만할 것. 화로에서 더치오븐으로 갔다가 마지막으로 닿는 지점이 시스템키친이다. 하지만 이 역시 끝이 아니다. 경험해보면 안다 | 칼도마 세트 도마 안에 칼이 쏙 들어가는 것이 있다. 위험한 칼을 간단히 수납할 수 있다. 캠핑용으로 하나 장만해두면 두고두고 쓴다 | 설거지 가방 별것 아닌 것 같지만 반드시 필요한 아이템. 주로 사은품으로 얻는다 | 양념통 처음 캠핑을 시작할 때는 집에 있는 것들을 사용하다가 몇 차례 캠핑을 경험한 뒤 자신에게 맞는 것을 구입하는 것이 좋다. 저렴한 캠핑용 양념통이 많이 나와 있다 | 오덕 원버너 스토브의 높이를 고려해 구입하자. 더치오븐을 올리는 등 여러 모로 쓸모가 많다 | 더치오븐 무쇠냄비 화로에 불판 올려 고기를 구워먹다 이것도 슬슬 지겨워지기 시작하면 눈길이 가는 게 더치오븐이다. 매너리즘에 빠진 캠핑에 또 다른 활기와 호기심을 불어넣어준다. 화로 위 삼각대에 걸 수도, 스토브에 올릴 수도

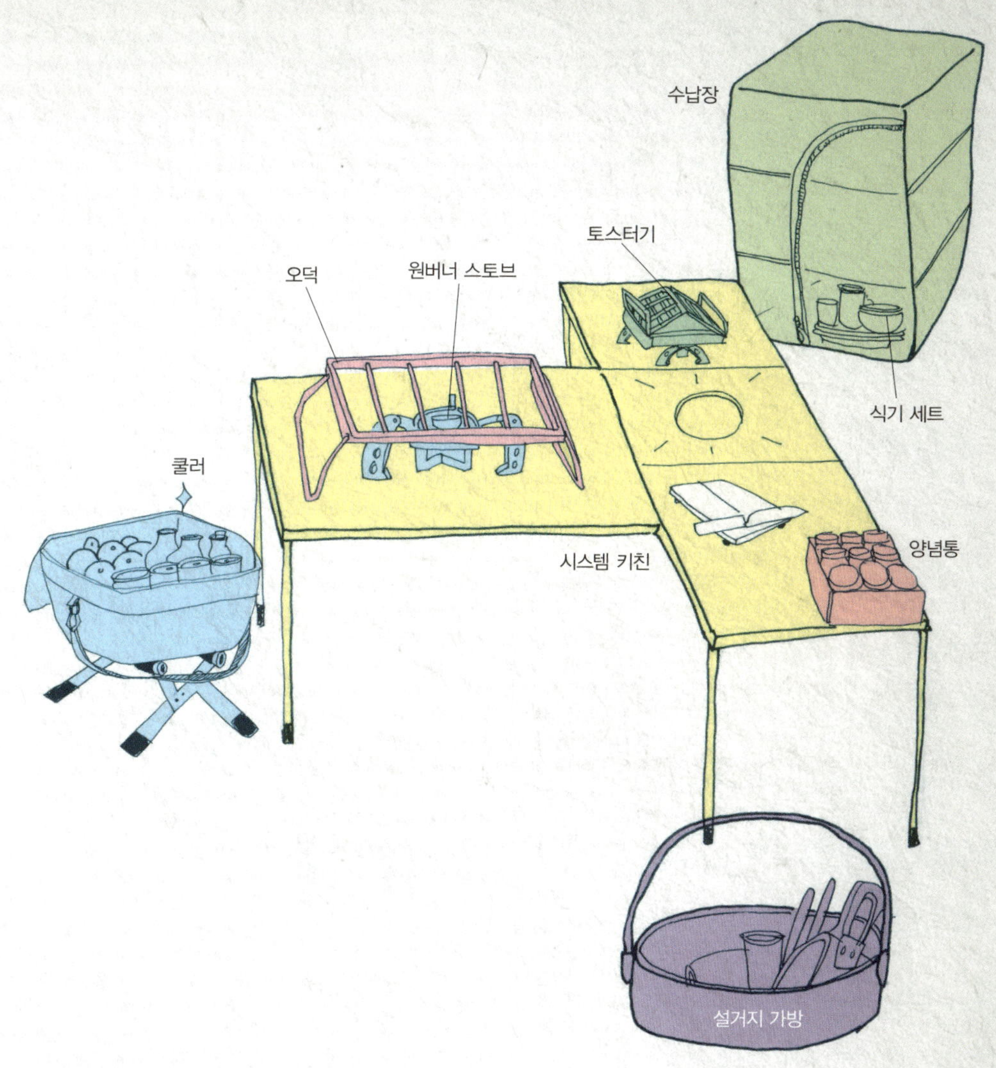

있다. 더치오븐은 당신의 캠핑요리를 한 단계 업그레이드 시켜 줄 것이다 | 미니 테이블 여러 종류가 있지만 편하게 사용하려면 알루미늄 재질을 선택하는 것이 좋다 | 화로장갑 화로를 사용할 때 반드시 필요하다. 가죽으로 만들어 불붙은 장작을 집어도 뜨겁지 않다 | 화로툴 세트 전문 캠핑용품 제조사의 것도 있지만 철물점의 저렴한 제품도 충분히 사용 가능하다 | 스킬렛 무쇠 팬. 따로 구입해도 되고 더치오븐과 세트로 구성된 것을 구입하면 활용도가 높다 | 삼각대 화로 위에 냄비를 걸어 요리할 수 있게 만든 장비. 더치오븐이나 쿠커를 걸어 요리할 수 있다. 스토브를 이용하다가 꼭 필요하다 싶을 때 구입하는 것이 좋다 | 그릴 캠핑요리의 꽃이라 할 수 있는 바비큐 장비. 직화구이용과 훈제용이 있다. 바비큐 마니아들이 사용하는 그릴은 훈제용 그릴 | 쿨러 캠핑장의 냉장고. 두말 할 것 없이 쿨러의 생명은 보냉력. 보냉력이 높은 쿨러를 골라, 어떻게 하면 보냉력을 조금이라도 높일 것인지 고민하자. 하드와 소프트가 있는데 차량 수납공간을 고려해 골라보자 | 침니스타터 차콜, 숯 등을 넣어 불을 붙일 때 사용하는 장비. 그릴을 사용할 때 아주 유용하다. 그릴 온도가 떨어졌을 때 숯을 보충하기도 쉽다. 수납을 위해 접히는 침니스타터 추천 | 토스트기 스토브에 올려 사용하는 토스트기. 가래떡구이나 꼬지 등 간단한 요리에 활용하기 좋다. 꼭 필요한 장비는 아니지만 하나쯤 있으면 여러 모로 편리하다 | 수납장 너저분한 주방은 가라~! 테이블 위를 어지럽히는 식기며, 식재료, 코펠 등의 수납을 책임지는 캠핑장의 수납장. 재질이 다양하니 취향에 따라 고르자.

캠핑의 즐거움 중 하나가 온 가족이 함께하는 맛있는 식사시간이다. 캠핑 요리가 따로 정해져 있는 것은 아니지만, 집에서 보다 불 사용이 자유로운 캠핑장에서 다양한 조리 기구들로 만드는 요리는 색다른 즐거움을 준다. 화로에 걸어놓은 무쇠솥 더치오븐과 스킬렛, 자연에서 즐기는 온갖 바비큐의 대명사 그릴, 휴대할 수 있는 야외용 오븐과 스모커 등이 그것이다. 캠핑 요리 장비라 불러도 좋을 다양한 조리 기구로 집에서는 경험하지 못한 색다른 요리를 즐겨보자. 캠핑장에서 요리의 맛을 더해줄 조리 도구들은 그 활용도가 무궁무진하다. 조금만 관심을 가지면 넓어지는 요리의 세계. 이제 캠핑장에서도 나만의 특별 캠핑 요리를 만들 수 있다.

여 러 가 지 조 리 기 구
넓 어 지 는 요 리 세 계
더치오븐

이보다 더 알찰 순 없다,

쇠고기 샤브샤브와 월남쌈

캠핑장에서 특별한 날을 맞이한 기억 있으신가요? 손님 접대를 해야 하나요? 특별한 날에도, 손님 대접에도 손색없는 고급 요리를 추천합니다. 칼국수에, 채소죽까지 무엇 하나 버릴 것 없는 특별한 요리예요. 재료가 다양해서 그렇지 결코 번거롭지 않아요.

샤브샤브 재료 쇠고기(샤브샤브용) 600g, 취향에 따라 각종 샤브 채소(속배추, 청경채, 쌈채소, 버섯, 부추 등), 칼국수 약간, 계란 1개 육수 멸치, 다시마, 무 육수 월남쌈 재료 라이스페이퍼 적당량, 취향에 따라 각종 채소(당근, 오이, 피망, 파프리카, 양배추 등), 사과 1개

미리미리 재료준비 육수는 손쉽게 멸치, 다시마 육수를 썼지만, 가쓰오부시 육수가 좋아요. 집에서 우려내어 페트병에 넣어가면 편해요. 날씨가 더울 땐 냉동실에 얼려서 쿨러에 넣어가면 쿨러의 보냉력도 높여줍니다. 채소 장보기가 번거로울 땐 각종 쌈채소 한 봉지만 준비해도 간편해요. 월남쌈 소스는 피시소스나 땅콩소스를 이용하세요. 마트에서 구할 수 있어요.

1 육수를 낸다. 2 샤브샤브 채소들은 깨끗이 씻어 준비해둔다. 3 월남쌈 채소와 과일도 깨끗이 씻어 채를 썰어놓는다. 4 육수를 냄비에 붓고 끓이다가 간을 하고, 채소와 버섯, 고기를 익힌다. 5 따뜻한 물에 라이스페이퍼를 담가 쌈을 쌀 수 있게 준비한다. 6 라이스페이퍼 위에 익힌 샤브 채소와 고기, 채썰어 둔 월남쌈 재료를 취향껏 조금씩 올려 쌈을 싼다. 7 소스에 찍어먹는다. 8 먹고 난 후, 남은 육수를 더 붓고 칼국수나 채소죽을 끓여 먹는다. 9 채소죽은 당근이나 양파, 부추 등을 잘게 다져 넣고 끓이다가, 계란 하나를 풀어 휘저어 한소끔 끓여내면 된다.

TIP 육수에 간장과 청주로 짜지 않게 간을 해 주세요.
귀찮으시면 가쓰오부시 국시장국을 넣어 간을 맞춰도 좋아요.

모두 넣고 기다려만 주시라,

돼지고기 수육

화롯불에 굽는 직화구이가 슬슬 지겨워질 때쯤 생각나는 요리. 기름기 쏙 뺀 담백한 고기맛이 그리울 땐 더치오븐에 돼지고기를 넣고, 여유롭게 기다려보세요. 잘 삶긴 돼지고기는 파향과 맥주, 매실액 덕분에 보들보들하답니다. 고기 굽느라 불 앞에서 지치셨다면 여유롭고 깔끔한 돼지고기 수육을 추천합니다.

재료 돼지고기 통삼겹 1덩어리, 대파 3개, 맥주 1컵, 깐마늘 10알, 통후추, 월계수잎, 말린 로즈마리 적당량, 매실액 2큰술

미리미리 재료준비 비닐팩에 마늘, 통후추, 월계수잎, 로즈마리 등을 모두 넣어 준비해가면 좋아요. 통마늘을 넣어도 맛있어요.

1 더치오븐에 포일을 깔고, 대파를 손가락 길이로 썰어 깔아준다. 2 고기는 두 덩어리로 썰어 대파 위에 올린다. 3 로즈마리와 깐마늘, 통후추, 월계수잎을 골고루 뿌려준다. 4 맥주와 매실액을 부어주고, 뚜껑을 덮어 김이 날 때까지 센 불을 유지한다. 5 김이 나면 중약불로 줄이고 50분~1시간 정도 후에 썰어낸다.

TIP 돼지고기에 매실액을 넣어주면 고기가 훨씬 부드러워져요.
속배추와 묵은지, 두부를 곁들이면 더욱 좋습니다.

소동파와 함께하는,

동파육

소동파가 즐겨 먹었다는 돼지고기 요리, 동파육. 돼지고기를 이렇게도 먹을 수 있어 더욱 즐거워요. 이런 요리법을 세세대대 전해준, 시도 잘 쓰고 요리도 잘하신 소동파에게 감사해야 할 것 같은 요리. 캠핑장에서 자연과 함께 소동파가 된 것처럼 한 입 음미하세요. 음, 스멜~~.

재료 돼지고기 통삼겹 1덩어리(600~700g), 대파 4개, 맥주 1컵, 깐마늘 10알, 통후추, 월계수잎, 청경채 적당량 간장 양념 생강 1톨, 팔각 1개, 청주 5큰술, 간장 7큰술, 설탕 1큰술, 매실액 1큰술, 후춧가루 약간 소스 식용유 2큰술, 청주 2큰술, 물녹말 5~6큰술, 참기름 2큰술

미리미리 재료준비 간장 양념은 미리 만들어 플라스틱 병이나 양념통에 넣어가면 편해요.

1 돼지고기는 통삼겹을 반으로 자르고, 대파 3뿌리는 손가락 길이로 썰어둔다. 2 더치오븐에 포일을 2겹 깔고 썰어둔 대파를 깐 뒤, 돼지고기를 올려준다. 3 마늘과 통후추를 적당하게 넣어주고, 월계수잎 1~2장을 넣은 다음 맥주를 부어 돼지고기를 30분 정도 삶는다. 4 삶아낸 삼겹살을 더치오븐에 다시 넣고, 생강, 대파 1, 팔각, 간장, 설탕, 청주, 후춧가루를 넣고 약한 불에서 천천히 졸인다. 5 소스를 만든다(달군 프라이팬에 식용유, 청주를 넣고 삼겹살 삶아낸 남은 간장양념을 넣고 자작하게 끓이다가 물녹말을 조금씩 넣어 걸쭉하게 만든 다음 참기름을 넣으면 된다). 6 청경채는 반으로 갈라 끓는 물에 소금을 약간 넣고 데쳐낸다. 7 접시에 데친 청경채를 놓고, 그 옆에 삼겹살을 적당한 크기로 썰어, 그 위에 소스를 뿌려낸다.

3 4 4-1 4-2 6 7

TIP 돼지고기를 삶고 난 뒤, 더치오븐에 남은 포일을 제거한 후,
삶은 삼겹살과 간장 양념을 넣어 약한 불에서 서서히 졸여주세요.

닭 한마리의 최고봉,
로스트치킨

닭 한 마리로 튀겨도 먹고, 구워도 먹고, 삶아도 먹고. 그러나 역시 닭 한 마리 요리의 최고봉은 로스트 치킨이 아닐까 싶어요. 더치오븐이 주는 마법과도 같은 촉촉함과 윗불이 주는 바삭함까지. 그리고 닭고기와 어우러진 채소들의 맛도 환상적이에요.

재료 닭(12호) 1마리, 올리브오일, 감자, 양파, 단호박, 피망 등 각종 채소 속재료 양파 1개, 월계수잎 2장, 말린 로즈마리 1큰술, 다진 마늘 1큰술, 소금 1큰술, 후춧가루 약간, 올리브오일
허브버터 버터 5큰술, 말린 로즈마리 2큰술, 소금 2큰술, 후춧가루 약간

미리미리 재료준비 허브버터는 미리 만들어 포일에 싸가면 캠핑장에서 편해요. 닭 뱃속에 속재료를 넣고 흐르지 않게 묶을 무명실이나 이쑤시개를 준비하세요.

1 닭은 기름을 모두 떼어내고 깨끗이 씻어 물기를 빼고 준비해둔다. 2 실온에 두어 말랑해진 버터로 허브버터를 만든다. 3 양파를 채썰고, 월계수잎도 적당한 크기로 썰어 준비한다. 분량대로 속재료를 섞어둔다. 4 씻어 물기를 뺀 닭가슴살 부분과 껍질 사이로 허브버터를 고루 펴서 발라주고, 닭의 표면에도 골고루 문질러준다. 5 남은 허브버터와 속재료를 섞어 닭의 뱃속을 채워준다. 6 다리를 엇갈리게 묶고, 닭 전체에 올리브오일을 바른다. 7 감자와 여분의 채소는 적당한 크기로 썰어 올리브오일과 소금, 후춧가루를 약간 넣고 버무려 둔다. 8 더치오븐 안에 포일을 2겹 깔고, 트리벳을 올려, 트리벳 위에 닭을 올리고, 썰어둔 감자와 채소를 닭고기 주변에 넣어 뚜껑을 덮어 익힌다. 9 스토브의 경우 센불에서 익히다가 김이 나면 약불로 줄여준다.

2 3 4 5 6 8 8-1

TIP 다 익힌 후 마지막에 더치오븐 뚜껑과 본체 사이에 나무젓가락을 양쪽으로 끼워주면 속은 부드럽고, 껍질은 바삭한 닭고기를 맛볼 수 있어요.

자꾸 생각나요,

카레 치킨 가라아게

더치오븐 시즈닝도 할 겸 튀김요리 자주 해먹던 때, 먹어도 먹어도 생각나던 치킨 요리예요. 아들 칭찬할 일 있을 때, 아빠 맥주 안주로, 요모조모 써먹던 요리지요. 한 입에 쏘옥 들어가 미각을 만족시키는 치킨 가라아게. 카레가루가 약간 들어가니 느끼하지 않고, 더욱 맛있어요.

재료 뼈를 바른 닭고기살 1팩, 식용유(튀김용), 청주 1큰술, 소금 1/2큰술, 후춧가루 약간, 카레가루 1큰술, 다진 마늘 1톨, 다진 생강 1/2큰술 튀김옷 재료 간장 1/2큰술, 계란 1개, 녹말가루 5큰술

미리미리 재료준비 닭고기살은 마트에 가면 뼈를 발라 팔아요. 없으시면 닭북채를 사서 칼끝으로 살을 발라내면 됩니다.

1 닭고기에 기름과 핏덩어리를 떼어내고, 깨끗이 씻어 물기를 빼준다. 2 닭고기를 한 입 크기로 썰어, 청주와 소금으로 밑간을 한다. 3 재워둔 닭고기에 다진 마늘과 생강, 후춧가루를 넣어 조물조물 섞고, 30분 정도 재워둔다. 4 계란, 간장, 녹말가루, 카레가루를 넣어 잘 섞어준다.
5 더치오븐을 예열하다가 식용유를 넣어 튀김 온도를 만든다 6 닭고기를 넣어 튀기다가 색이 연하게 나오면 건져내어 5분 정도 그대로 둔다. 7 다시 닭고기를 센불에서 2~3분간 튀겨 노릇노릇 갈색이 나면 건져서 키친타월에 기름을 빼준다.

TIP 치킨 가라아게는 식어도 맛있어요.
그러기 위해선 기름과 핏덩어리를 깨끗하게 제거해주세요.

상큼한 봄의 제철 음식,
토마토소스 도다리 홍합찜

이른 봄, 가장 먼저 봄소식을 알려주는 음식이 있다면, 남쪽에서 들려오는 도다리 소식이 아닐까 해요. 쌀쌀한 캠핑장에서 뜨끈하고 상큼한 제철 음식이 생각난다면 이 요리를 한번 시도해 보세요. 더치오븐을 이용하면 따끈함을 오래도록 즐길 수 있어요. 토마토소스가 들어간 서양식 찜. 홍합과 채소도 한몫 한답니다.

재료 도다리 1마리(500~600g), 토마토소스 1/2컵, 홍합 10개, 다진 양파 20g, 방울토마토 5개, 다진 마늘 1톨, 올리브오일, 후춧가루 약간

미리미리 재료준비 도다리와 홍합은 집에서 미리 손질해 지퍼백에 넣어가면 되고, 토마토소스는 시중에 파는 스파게티 소스를 활용하면 됩니다.

1 도다리는 손질해서 깨끗이 씻어 물기를 빼고 반으로 자른다. 2 홍합과 방울토마토는 씻어 두고, 마늘과 양파는 다진다. 3 더치오븐을 달군 뒤 올리브 오일을 두르고, 다진 양파와 마늘을 볶는다. 4 양파와 마늘이 반쯤 익었을 때, 도다리를 넣어 굽는다. 5 도다리가 반쯤 익으면 방울토마토를 넣고, 토마토소스를 부어 마저 익도록 끓인다. 6 홍합을 넣어 껍질이 벌어지면 바로 불을 끈다. 모자란 간은 소금과 후춧가루로 마무리.

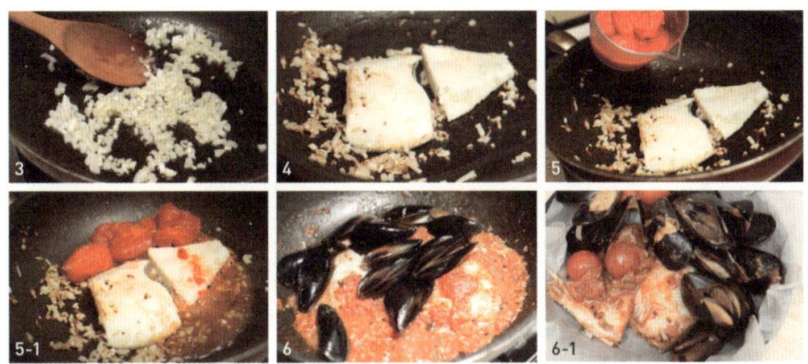

TIP 팬에서 도다리를 익혀 간이 살 속에 배도록 하는 것이 포인트예요.
도다리가 구하기 힘들 땐 가자미로 대체하셔도 됩니다.

영양 꽉꽉 채운, 단호박 영양밥

캠핑장에서의 여름, 더위에 지쳐 입맛도 없어지죠. 이것저것 만드는 대신 단호박 하나로 해결하세요. 입맛 없고, 기운 빠진 여름철 기운 돋우는 밥. 더치오븐에 넣고 기다리기만 하면 오케이. 다른 반찬 다 필요없고 김치 하나만으로 충분한 영양 꽉꽉, 단호박 영양밥.

재료 단호박 1개, 쌀 3컵(멥쌀, 찹쌀 반반), 검은쌀 약간(없으면 빼셔도 됩니다), 검은콩

미리미리 재료준비 더치오븐 안에 넣을 트리벳이나 해바라기 찜기 잊지 말고 챙겨가세요.

1 쌀과 잡곡은 씻어서 1시간 이상 불려둔다. 2 단호박은 꼭지 부분을 오각형으로 칼집을 넣어 뚜껑을 만든다. 3 단호박의 속을 숟가락으로 깨끗하게 파낸다. 4 불려둔 쌀과 재료를 단호박 안에 넣고 채운다. 5 더치오븐을 불에 올리고 물을 조금 붓고, 트리벳을 올린다. 그 위에 단호박을 올리고 더치오븐 뚜껑을 덮어 쪄준다.

3

4

5

TIP 단호박 뚜껑을 덮지 마세요. 쌀이 익지 않아요. 단호박만 더치오븐이나 스킬렛, 그릴, 화로에 구워먹어도 맛있어요.

무엇도 따라올 수 없는 부드러움, 백숙과 닭칼국수

쌀쌀한 캠핑장에서 속을 데워줄 뜨끈한 것이 필요하다면 닭백숙을 추천합니다. 닭과 재료들을 넣은 더치오븐을 삼각대에 걸어놓고, 화롯가에서 도란도란 이야기를 나누며 기다리면 됩니다. 닭을 다 먹고 나면 남은 국물에 칼국수를 넣어 끓여보세요. 저녁 한 끼로 든든합니다.

재료 닭(12호) 1마리, 백숙 재료(황기, 대추, 밤 등), 깐마늘 10알, 찹쌀 1컵, 칼국수 1봉지, 소금, 애호박, 파 약간

미리미리 재료준비 시간이 넉넉하면 황기를 넣고 물을 끓여, 그 물에 백숙을 끓여보세요. 닭의 잡내도 제거해주고, 닭고기살이 더 부드러워집니다.

1 큰 쿠커에 황기와 물을 붓고 황기물이 우러나도록 미리 끓인다. 2 그동안 닭은 기름을 떼어내고, 깨끗이 씻어 물기를 빼 준비하고, 찹쌀도 씻어둔다. 호박과 파를 썰어둔다. 3 닭의 뱃속에 찹쌀을 넣고, 더치오븐에 황기물을 붓고 백숙 재료들을 넣어 끓인다. 4 닭이 익으면 먼저 닭고기를 꺼내 먹고, 남은 국물에 칼국수와 썰어둔 호박, 파를 넣어 끓인다. 소금으로 간을 한다.

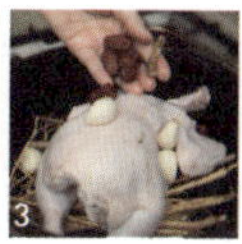

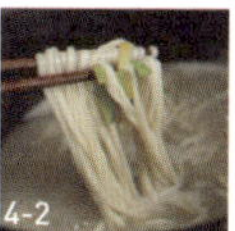

TIP 코펠이나 냄비에 백숙을 만들 때보다 물을 적게 넣어요.

여 러 가 지 조 리 기 구
넓 어 지 는 요 리 세 계
스킬렛

한 냄비 끓여 여럿이 함께,

쌀국수 쇠고기 감자조림

손쉽게 구할 수 있는 재료로 만들어 손님 대접에도 손색없는 요리. 감자, 당근, 양파 등 늘 있는 채소로 고기만 조금 준비해 한 냄비 끓이면 여럿이 함께 먹을 수 있는 훌륭한 요리가 된답니다. 한 냄비 끓여 푸짐하고 든든하게 먹는 착한 메뉴. 사랑할 수밖에 없어요.

재료 쇠고기(불고기용) 200g, 감자 2개, 당근 1개, 양파(큰 것) 1개, 쌀국수 한줌 양념 멸치·다시마 육수 3컵, 미림 1/4컵, 청주 2큰술, 국간장 1/3컵

미리미리 재료준비 쌀국수가 없으면 당면을 불려서 대신 넣어보세요. 면이 없으면 넣지 않아도 됩니다.

1 감자, 당근, 양파는 적당한 크기로 썰어둔다. 2 쌀국수는 따뜻한 물에 넣어 불려둔다. 3 끓는 물에 쇠고기를 데쳐낸다. 4 썰어둔 채소를 볶다가 양념을 붓고 끓인다. 5 채소가 어느 정도 익으면 데쳐둔 고기와 쌀국수를 넣어 끓여낸다.

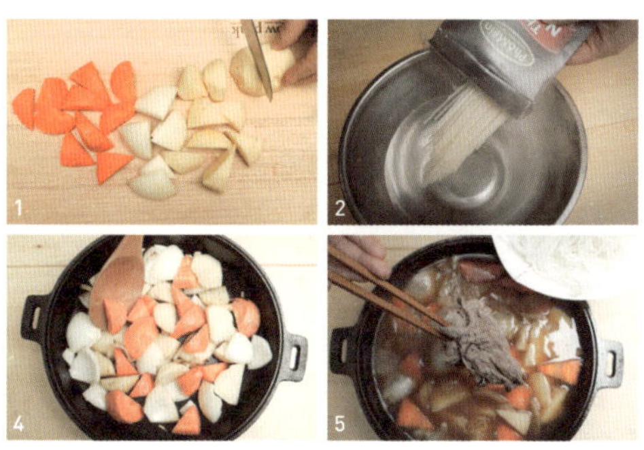

TIP 쌀국수는 먹기 직전에 넣어 한 김 올려내세요. 오래 끓이면 국수가 뚝뚝 끊어져요.
국수를 넣으면 육수가 줄어드니 참고하세요.
시중에 파는 가쓰오부시 국시장국으로 간을 맞추면 간편합니다.

오우~ 럭셔리,
연어스테이크

연어를 좋아하는 가족이 있다면 연어스테이크를 한번 만들어보세요. 구운 연어 위에 소스를 졸여 살짝 뿌려주기만 하면 됩니다. 정말 간단하죠. 직접 해보면 정말 쉬운, 그러나 맛은 최고! 연어의 럭셔리 변신은 무죄. 캠핑장에서 즐기는 특별한 한 끼, 기대하셔도 좋습니다.

재료 연어 200g, 소금, 후추, 양송이버섯 5개, 아스파라거스 2줄기, 올리브유 소스 양송이버섯 5개, 아스파라거스 2줄기, 마늘 2톨, 생크림 40g, 화이트와인 4큰술, 허브 약간

미리미리 재료준비 연어는 마트에 가면 손질해서 팩에 넣어 팔아요. 굳이 뼈가 있는 연어가 아니어도 도톰하니 두께가 있기만 하면 됩니다. 화이트와인이 없으시면 청주로 대신하세요.

1 양송이버섯은 1/4 크기로 썰고, 마늘은 1/2로 썰고 아스파라거스도 적당히 썰어 준비한다. 2 달군 팬에 올리브유를 두르고 연어를 넣고 소금, 후추로 살짝 간을 한 후 노릇노릇 앞뒤로 굽는다. 3 다른 팬에 기름을 두르고 양송이버섯과 마늘을 넣어 볶다가 노릇해지면 아스파라거스를 넣고 살짝 볶는다. 4 화이트와인을 넣어 팬을 살짝 흔들어주고, 생크림을 넣어 졸인다. 5 허브가 있으면 넣고 소금, 후추로 간한다. 6 그릇에 구운 연어를 올리고 그 위에 소스를 부어낸다.

TIP 연어를 구울 땐 센불에서 구워 한 번만 뒤집으세요. 잘 부서집니다.

담백하고 소박한 한 그릇,

고기채소볶음

아삭아삭 씹히는 채소와 고소한 고기의 맛이 간장 양념과 어우러져 담백한 요리. 밥과 함께 배추된장국이나 두부된장국을 곁들여보세요. 다른 반찬 없어도 담백하고 소박한 한 상 차림이 된답니다. 캠핑장에서 손님들과 사케나 맥주 한 잔 마실 때 곁들이면 좋을 요리!

재료 돼지고기 삼겹살(슬라이스 혹은 대패 삼겹살) 200g, 양배추 2장, 부추 1줌, 숙주 2줌, 당근 1/2개, 마늘 2톨, 소금, 후춧가루 약간, 식용유 양념 간장 1큰술, 맛술 1+1/2큰술

미리미리 재료준비 도톰한 일반 삼겹살을 사용해도 되지만, 그럴 경우 양념이 부족할 수 있으니 보충하세요. 채소는 있는 것으로 활용하시면 됩니다.

1 양배추는 한 입 크기로 썰고, 부추는 손가락 길이만큼, 당근도 같은 크기의 직사각형 모양으로 썰어둔다. 2 마늘은 편썰고, 돼지고기도 채소 크기와 비슷하게 한 입 크기로 썬다. 3 스킬렛에 기름을 두르고, 중불에 마늘을 볶는다. 4 마늘이 노릇해지면, 돼지고기를 넣고 앞뒤로 노릇하게 잘 굽는다. 5 다 익은 돼지고기는 양념장에 넣고 골고루 묻혀둔다. 6 고기를 구워낸 스킬렛에 당근과 양배추, 숙주를 순서대로 넣고 센불에서 후다닥 볶는다. 7 채소들이 살짝 익으면 소금, 후추를 넣어 간을 하고, 마지막에 부추와 양념에 재워둔 고기를 넣어 잘 섞고, 접시에 담아낸다.

1, 2
4
5
6
7

TIP 남은 채소들을 처리해야 할 때 활용해보세요. 고기는 넣지 않아도 돼요. 남은 채소들을 적당한 크기로 썰어 기름 두른 팬에 넣고 볶다가 간장 약간 넣고 모자란 간은 소금, 후추로 마무리. 센불에서 후다닥 볶아 내놓으면 채소들의 변신이 시작됩니다.

두부의 무한 변신, 두부 카나페

먹어도 먹어도 질리지 않는 음식이 있다면 단연 두부가 아닐까요? 국에도, 찌개에도, 볶음에도, 구이에도, 그리고 생식으로도 빠지지 않죠. 두부를 굽다가 양념장으로는 밋밋해서 여러 가지 있는 재료를 볶아 올려보았더니, 훌륭한 요리가 되었어요. 밥반찬으로도, 와인 안주로도 제격인 두부의 변신은 무죄!!

재료 두부 1팩(340g), 쇠고기 다짐육 2줌, 당근 1/4개, 새송이 버섯 1개, 양파 1/2개, 소금, 후춧가루, 간장 약간

미리미리 재료준비 두부는 부침두부가 부서지지 않아 좋아요. 각자 취향에 따라 고기나 채소를 준비하면 됩니다.

1 두부를 반으로 잘라 다시 1cm 두께로 썬다. 2 채소는 두부 길이와 비슷한 크기로 썰어둔다. 3 팬에 기름을 두르고 두부를 앞뒤로 노릇하게 구워 접시에 담는다. 4 팬에 기름을 두르고 쇠고기를 넣고 소금, 후춧가루, 간장을 약간 넣어 볶는다. 5 팬에 기름을 두르고 썰어둔 채소들을 넣고 소금, 후춧가루, 간장을 약간 넣어 볶는다. 6 접시에 구워낸 두부 위에 볶은 쇠고기와 채소들을 조금씩 올려낸다.

TIP 두부를 손가락 길이로 썰어 채소와 같이 볶으셔도 좋아요.
남은 두부는 국이나 찌개에, 혹은 두부김치로 활용하시면 좋겠죠.

맥주를 부르는,

굴감자전

날이 쌀쌀해지면 제철인 굴. 쓰임새도 많고, 영양가도 많고, 맛도 좋아요. 한 봉지면 한 끼가 푸짐해지는 사랑스런 재료지요. 쌀쌀하게 찬바람 부는 캠핑장에서 고소하고 담백하게 굴감자전을 부쳐보세요. 한 알 한 알 주워먹는 맛이 일품이에요. 고소한 감자와 향긋한 굴의 하모니, 굴감자전이요~~.

재료 굴(작은것) 1봉지, 감자 2개, 굴소스 1/2큰술, 소금 약간, 전분 약간, 파슬리가루 약간, 식용유

미리미리 재료준비 굴은 봉지째 쿨러에 넣어가서 흐르는 물에 흔들어 씻으세요. 혹시 굴껍질이나 이물질이 있는지 확인하시구요. 감자를 썰 때 채칼을 이용하면 편리하고, 채칼로 썰 땐 가장 가는 채로 썰어주세요.

1 굴은 깨끗이 씻어 체에 받쳐 물기를 빼놓는다. 2 씻어놓은 굴에 굴소스를 넣어 살짝 간을 하고 전분을 묻혀 준비한다. 3 감자는 가늘게 채를 썰어 소금, 파슬리가루를 넣어 간을 한다.
4 팬에 기름을 두르고 감자를 적당히 올리고 그 위에 굴을 얹고, 또 그 위에 감자를 덮어 노릇하게 구워낸다.

TIP 채썬 감자는 금방 타기 때문에, 중간불이나 약불에서 불조절을 하며 구워주세요.
파슬리가루가 없으시면 다진 파를 넣어보세요.
굴에 굴소스로 살짝 간을 해주면 더 맛이 납니다. 굴전에도 이용해보세요.

후다닥 국수를 볶아요,

팟! 팟타이

태국의 볶음면, 팟타이. 푸짐하고 고소한 볶음면을 맛보는 데 1달러도 채 안 든다는 것이 믿기지 않죠. 여러 가지 재료를 넣어 후다닥 볶아내면 한 접시 가득. 온 가족이 둘러 앉아 즐길 수 있어요. 아빠는 맥주 한 잔 곁들여도 훌륭한 요리. 팟타이 맛의 비결은 불과 시간이랍니다. 센불에서 후다닥 볶아내세요. 행운을 빌어요, 팟!

재료 쌀국수 130g, 계란 1개, 두부 1/3모, 칵테일새우 10마리, 마늘 2~3개, 붉은 고추 1~2개, 숙주, 부추 1줌, 올리브오일, 땅콩가루 약간, 레몬 1/2개 소스 팟타이소스 3큰술, 굴소스 3큰술, 피시소스 1큰술

미리미리 재료준비 쌀국수는 볶음면을 할 거니까 넓은 것이 좋아요. 채소는 손질해서 팩에 넣어가요. 소스는 마트에서 모두 구할 수 있어요. 땅콩가루와 레몬은 없으면 빼도 되지만, 넣으면 색다른 맛을 즐길 수 있답니다.

1 쌀국수는 물에 담가 불려준다(찬물일 경우 50분, 미지근한 물 10~20분). 2 두부는 깍둑썰기하고, 마늘과 고추는 다지고, 숙주와 새우는 씻어 물기를 빼고, 부추는 5cm 길이로 썰어둔다. 3 땅콩은 작게 빻아놓고, 분량대로 소스를 만든다. 4 달군 팬에 올리브오일을 약간 두르고, 다진 마늘과 고추를 넣고 볶다가 두부를 넣어 노릇하게 굽는다. 5 두부가 익으면 팬의 한쪽으로 밀고, 새우를 넣어 볶는다. 6 새우를 한쪽으로 밀고, 그 옆에 계란을 깨넣어 재빠르게 휘저어 스크램블을 만든다. 7 계란이 익으면 모든 재료를 팬의 한쪽으로 밀고, 불려둔 쌀국수와 물을 자작하게 부어준다. 8 국수가 부드러워지면 소스를 넣어 섞고, 숙주와 부추를 넣어 후다닥 볶아낸다.

TIP 쌀국수는 찬물에 불리는 것이 쫄깃해요. 팟타이는 볶음면이므로 모든 재료를 준비해 두고, 센불에서 후다닥 볶아내는 것이 관건입니다. 아삭아삭한 채소 맛이 느껴지도록 3~5분 안에 볶아내세요.

여러 가지 조리기구
넓어지는 요리 세계

그릴

분위기 만점, 맛도 만점,
토마토갈릭 등심스테이크

캠핑장에서 즐기는 그릴 요리. 불맛을 본 스테이크를 빼면 섭섭하겠죠. 토마토마늘소스를 스테이크에 곁들여보세요. 올리브유에 볶은 토마토와 마늘이 고기의 느끼함을 없애주고, 고소함을 더해줍니다. 온 가족이 야외에서 즐기는 등심스테이크. 분위기도, 맛도 최고죠. 특별한 날엔 더 더욱 추천합니다.

재료 쇠고기 등심 1조각, 허브솔트 적당량, 애호박 1/4개, 가지 1/4개 소스 토마토 1/2개, 마늘 2개, 올리브유 3큰술, 소금, 후춧가루 약간

미리미리 재료준비 허브솔트는 마트에서 쉽게 구할 수 있어요. 없을 때는 소금, 후춧가루로 대신하세요.

1 침니 스타트에 브리켓이나 차콜을 넣고 불을 붙여, 그릴에 붓는다. 2 등심은 허브솔트를 적당히 뿌려 밑간을 해두고, 호박과 가지도 한 입 크기로 썰어 소금, 후추를 약간 발라 밑간을 해둔다. 3 그릴이 달궈지면, 등심을 올리고 그릴 자국을 내준다. 4 고기의 겉이 익으면, 한쪽으로 썰어둔 호박과 가지를 올려주고, 불을 낮춰 그릴 뚜껑을 덮어 서서히 익혀준다. 5 그 사이 소스를 만든다. 토마토는 잘게 썰고, 마늘은 굵게 편썰어 준비한다. 6 달군 팬에 올리브유를 두르고 토마토와 마늘을 넣고 볶다가 소금, 후춧가루로 간을 맞추고, 걸쭉해질 때까지 약한 불에 졸인다. 7 고기가 다 익으면 접시에 담고, 소스를 뿌려낸다. 한쪽에 호박과 가지도 함께 곁들인다.

TIP 고기와 채소가 남았다면 한 입 크기로 썰어 올리브유를 두르고 소금, 후추로 간을 해서 후다닥 볶아내도 좋아요.

두 손으로 뜯어요,
간장생강소스 백립구이

바비큐에서 빠질 수 없는 백립구이. 그릴에서 천천히 양념을 발라 구워내면 맛도 향도 군침돌죠. 한 입 베어물면 살만 쏘옥 빠지는 부드럽고 쫄깃한 맛. 간장소스에 생강의 향긋함도 더해져 더욱 맛있어요. 캠핑장에서 즐기는 패밀리 레스토랑 대표 메뉴, 백립구이. 주저 말고 두 손으로 들고 뜯어요.

재료 등갈비 3대 밑간 재료 간장 6큰술, 미림 6큰술, 청주 4큰술, 설탕 2큰술, 생강 간 것 2큰술
소스 재료 스테이크 소스 7큰술, 꿀 2큰술, 매실액 2큰술

미리미리 재료준비 등갈비는 미리 손질된 것을 사면 근막 등을 제거하지 않아 편해요.

1 등갈비는 깨끗이 씻어 뼈 사이사이에 칼집을 넣어 준비한다. 2 립을 찬물에 1시간 정도 담가 핏물을 빼준다. 3 고기에 밑간을 골고루 하여 재워둔다. 4 브리켓에 불을 붙여 그릴 양쪽에 넣고, 가운데 기름 그릇을 넣는다. 브리켓이 없는 가운데 쪽으로 립을 세우고, 뚜껑을 덮어 150도를 유지해준다. 5 립이 어느 정도 익으면 준비한 양념을 앞뒤로 발라 더 구워준다.
6 접시에 담고 파슬리 가루를 뿌려낸다.

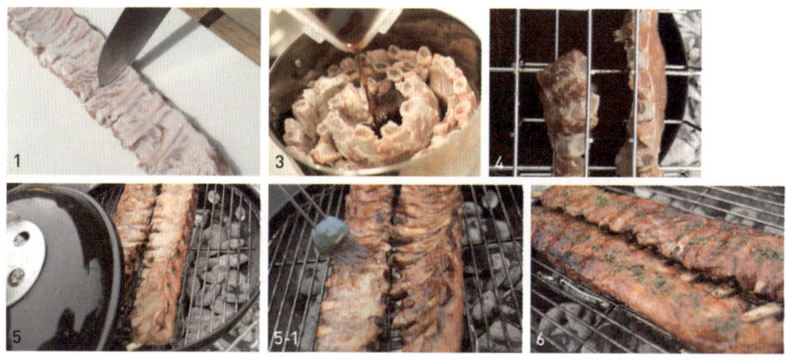

TIP 잘 익은 립은 뼈와 살이 깨끗이 분리됩니다.

고소한 새우의 반란,
새우버터구이

무엇이든지 척척 그럴싸한 요리를 만들어내는 그릴. 그릴 위에 온 가족이 좋아하는 새우를 구워 보세요. 소금구이로도 단연 맛있지만, 새우의 담백함과 고소함을 더하기 위해 버터를 넣어주었어요. 지퍼백에 양념한 새우를 넣어 팍팍 주물러주면 간이 배어 더 맛있습니다. 아이들이 특히 좋아해요.

재료 대하 20마리 양념 마늘 2쪽, 파슬리가루 2큰술, 레몬 1개, 버터 2큰술, 소금·후춧가루 약간씩

미리미리 재료준비 새우 등에 칼집 낼 때 껍질이 딱딱해 손질하기 힘들다면, 가위로 살짝 껍질을 잘라주면 손질하기 편합니다.

1 새우는 머리를 떼어내고 등 쪽으로 칼집을 내어 반으로 갈라 내장을 떼어낸다. 2 마늘은 편썰고, 버터는 잘게 자르세요. 레몬은 통으로 얇게 썰어놓는다. 3 지퍼백에 손질해둔 새우와 양념을 모두 넣고 주물러 잘 섞어준다. 4 그릴에 올려 굽는다.

TIP 새우는 간접구이로 천천히 익혀 드시면 부드러워요. 남은 새우는 껍질을 벗기고, 적당한 크기로 썰어 볶음밥이나 카레에 넣어 활용해보세요.

담백한 흰살 생선의 그 맛,

도미레몬구이

기름진 고기 바비큐에 지쳤다면 담백한 생선 바비큐를 추천해 드립니다. 그중 흰살 생선은 기름기가 적어서 맛이 깔끔하고 고소하죠. 상큼한 레몬이 생선의 비린내는 없애주고, 담백함을 더해줍니다. 도미의 맛을 알아버렸다면, 당신은 욕심쟁이, 우후훗!

재료 도미 1마리, 레몬 2개, 마늘 2톨, 월계수잎 적당량, 올리브유 3큰술, 소금, 후춧가루 약간, 꼬지, 지퍼백

미리미리 재료준비 도미가 없으면 구하기 쉬운 흰살 생선으로 준비하세요. 포 뜬 흰살 생선은 마트에서 냉동으로 판매하는 것이 있으니 활용하면 편해요.

1 도미는 손질하여 깨끗이 씻어 물기를 닦고, 가운데 뼈를 중심으로 포를 떠서 도톰하게 토막 내어 놓는다. 2 레몬은 빗 모양으로 썰어 준비한다. 3 그릇에 손질한 도미를 넣고, 소금, 후춧가루를 뿌린 다음 다진 마늘, 올리브유를 넣어 30분 정도 재워둔다. 4 꼬지에 도미, 레몬, 월계수잎을 적당히 끼워 그릴에 올리고 간접구이로 굽는다.

TIP 캠핑장에서 기름진 고기 요리에 지쳤을 때 활용해보세요.
담백한 도미의 맛을 즐길 수 있어요.

그저 기다리기만 했을 뿐, 통삼겹 쌈장 바비큐

그릴이 주는 행복. 그것은 재료를 넣고 기다려주기만 하면 근사한 요리가 되어 나온다는 것이죠. 바비큐에 여러 가지 양념이 필요하다면, 그 번거로움을 줄여보세요. 지조 있게 쌈장 하나로 고기에 간도 하고, 부드러움도 유지해줍니다. 그릴에 브리켓을 넣고, 고기 올려 느긋하게 맥주 한 잔 하며 기다려보세요. 그 기다림에 보답해줄 겁니다.

재료 돼지고기 통삼겹 2덩이, 쌈장 1통
미리미리 재료준비 쌈장은 마트에서 구입할 수 있는 것이면 됩니다.

1 돼지고기는 덩어리가 클 경우 반으로 잘라 준비해둔다. 2 돼지고기에 쌈장을 골고루 잘 발라 비닐팩에 넣어 30분~1시간 정도 양념이 배이게 한다. 3 그릴 한쪽에 브리켓을 넣고, 반대쪽에 기름받이를 넣어준다. 밑간 한 고기를 기름받이 위에 올려준다. 4 그릴 뚜껑을 닫고, 그릴온도 150도, 심부온도 70도 이상으로 유지해준다. 5 중간에 색을 봐가면서 뒤집어주고, 1시간 10분 정도면 완성.

앞다리살의 비밀, 샤슬릭

샤슬릭은 러시아식 꼬지구이죠. 돼지고기의 잡내를 없애기 위해 여러 가지 채소와 향신료를 넣어 양념을 해요. 고기의 누린내를 없애고 보들보들 쫄깃해진 돼지고기 앞다리살의 비밀은 뭘까요? 지금 그 비밀을 공개합니다.

재료 돼지고기(앞다리살) 600g, 양파 2개, 깐마늘 20알, 피망(혹은 파프리카) 2~3개, 대파 2대
양념 채 썬 양파 1/2개, 토마토 1개, 레몬 1개, 월계수잎 적당량, 소금, 후추, 물, 식초
미리미리 재료준비 미리 돼지고기를 밑간 해서 지퍼백에 넣어가면 편해요.

1 돼지고기는 한 입 크기로 썰어둔다. 2 돼지고기 밑간 할 양념을 만든다. 양파는 채썰고, 토마토와 레몬은 통으로 저민다. 3 지퍼백에 썰어놓은 고기와 채소, 소금, 후추, 월계수잎을 넣고 조물조물 주물러놓는다. 4 양파, 피망, 대파를 꼬지에 끼울 수 있는 크기로 썰어놓는다. 5 스큐어에 올리브유를 바르고, 고기와 썰어놓은 채소들을 차례대로 끼운다. 6 그릴에 불을 넣고, 150도를 유지한다. 간접구이로 꼬지들을 놓는다. 7 30분마다 한 번씩 위아래를 뒤집어주고, 그때마다 물통에 넣은 식초희석액을 고기에 골고루 뿌려준다. 8 고기가 다 익으면 접시에 담아낸다.

TIP 식초희석액은 식초와 물을 1:10으로 맞추시면 됩니다. 이것이 앞다리살의 비밀!

여러가지조리기구
넓어지는요리세계
오븐

불맛을 본,
불고기 치즈 샌드위치

쇠고기를 불고기 양념에 재워 가져가면 캠핑장에서 다양하게 활용할 수 있죠. 그중 하나가 불고기 치즈 샌드위치가 되겠네요. 캠핑장에서 먹다 남은 불고기가 있다면 식빵이나 브라운 브레드 속에 쫀득한 치즈와 함께 넣어 즐겨보시길. 한 끼를 뚝딱! 뿌듯하고 간편하게 해결할 수 있는 절호의 찬스이니까요.

재료 브라운 브레드 2개, 모짜렐라 치즈 적당량, 파슬리 가루 약간 쇠고기양념 쇠고기(불고기용) 200g, 채 썬 당근, 채 썬 양파, 어슷 썬 대파 약간씩, 간장 2큰술, 맛술 1큰술, 배·양파 간 것 3큰술(없으면 물엿 2큰술), 다진 마늘 1큰술, 소금, 후추 약간씩

미리미리 재료준비 쇠고기는 집에서 불고기 양념에 고기를 재워가면 편해요. 브라운 브레드가 아니라도 바게트나 다른 빵들을 이용해도 좋아요.

1 쇠고기는 분량의 양념에 재워둔다. 2 오븐을 180도로 예열한다. 3 빵을 가운데로 갈라 오븐에 넣어 살짝 구워준다. 4 쇠고기를 프라이팬에 넣고 볶는다. 5 빵 속에 완성된 불고기를 적당히 얹고, 그 위에 모짜렐라 치즈를 올려 오븐에 넣는다. 6 치즈가 녹아 노릇노릇해지면 꺼내어 파슬리가루를 살짝 뿌려 먹으면 된다.

1 1-1 3 5 5-1

TIP 불고기 남았을 때 활용하기 좋아요. 불고기 피자도로 활용할 수 있죠. 탄산음료를 곁들이면 그야말로 good~!

달콤 짭조름,
고르곤졸라 피자

블루치즈의 맛에 빠져보셨나요? 짭조름, 꼬릿꼬릿한 냄새. 그러나 또띠야 위에 고르곤졸라를 얹어 달콤한 꿀이나 시럽 맛을 보지 않았다면 말을 마세요. 간단한 토핑으로 또 다른 피자맛을 즐길 수 있답니다. 우리 가족, 서너 판은 거뜬해요.

재료 또띠야 4장, 올리브오일 적당량, 마늘 4톨, 고르곤졸라 치즈, 모짜렐라 치즈, 파슬리가루 약간, 꿀

미리미리 재료준비 고르곤졸라 치즈는 짠맛이 강하므로, 토핑 시 짜지 않게 적당히 양을 조절하세요. 토마토소스를 이용할 때는 소스에 간이 되어 있으니, 치즈 양을 조절하셔야 해요.

1 또띠야 한 장을 펴고 올리브오일을 적당히 바른 뒤, 그 위에 모짜렐라 치즈를 약간만 뿌려준다. 그 위에 또띠야 한 장을 더 펴서 올린다. 2 새로 올린 또띠야에 올리브오일을 적당히 바르고, 편 썰어둔 마늘을 골고루 얹는다. 3 모짜렐라 치즈, 고르곤졸라 치즈 순으로 골고루 펴서 올려준다. 4 180도 오븐에 넣어 치즈가 노릇하게 녹으면 꺼내어 파슬리가루를 조금 뿌린다. 꿀이나 시럽에 찍어 먹는다.

1 1-1 1-2 2 2-1 3

TIP 토핑 재료는 기호에 따라 선택하면 돼요. 슬라이스 아몬드나 호두를 넣어도 맛있답니다. 고르곤졸라 피자는 꿀이나 메이플시럽 등 달콤한 시럽을 곁들이고, 땅콩가루 등 견과류를 넣어도 고소합니다.

peak
since1958

또띠야 속의 행방,

퀘사디아

얇은 또띠야 두 장 안에 무엇이 들었을까요? 딱히 정해진 재료가 있지 않은 퀘사디아. 취향껏 재료를 넣고 자신만의 퀘사디아를 즐겨보세요. 또띠야 속은 며느리도 몰라, 아무도 몰라~.

재료 또띠야 2장, 돼지고기 목살 1줌, 모짜렐라치즈 약간, 양파 1/2개, 고추기름 약간, 소금, 후추 약간, 핫소스 1T, 청주 1T

미리미리 재료준비 재료는 닭가슴살이나 콘옥수수, 슬라이스 치즈 등 다양하게 준비하시면 됩니다.

1 돼지고기는 깍뚝썰기해서 소금, 후추로 밑간해두고, 양파는 다져서 준비한다. 2 달군 팬에 고추기름을 약간 두르고, 다진 양파에 소금을 조금 뿌려 볶아준다. 3 돼지고기를 팬에 넣고 함께 볶다가, 청주와 핫소스를 넣는다. 4 또띠야를 펴고, 모짜렐라치즈를 뿌려준 뒤, 볶은 돼지고기를 골고루 토핑한다. 5 또띠야를 반으로 접어 끝부분은 물을 발라 꼭꼭 꼬집어준다. 6 반으로 접은 또띠야의 가운뎃부분에 살짝 칼집을 내어주고, 오븐에 넣어 치즈가 녹을 때까지 굽는다.

TIP 또띠야를 반으로 접어도 좋고, 2장으로 한 판을 만들어도 좋아요.

여 러 가 지 조 리 기 구
넓 어 지 는 요 리 세 계
철판

경춘선에서 만난,

닭갈비

쌀쌀한 4월, 중도캠핑장에서 즐거운 2박 3일을 보내고, 지인들과 헤어지기 전에 먹었던 닭갈비. 닭갈비 골목 어딘가였죠. 모두 배가 고파 정신없이 먹어치웠던 기억. 그래서인지 이제 춘천, 중도 하면 닭갈비가 떠올라요. 닭갈비에 얽힌 추억들 한 번쯤은 있으시죠? 캠핑장에서 다같이 즐겨봐요. 추억도 함께 나누며.

재료 닭고기살 1팩, 우동사리(혹은 라면사리) 1봉지, 양파 1/2개, 양배추 1/4개, 고구마 1개, 떡볶이떡 한 줌, 대파 약간 고추장 양념 고춧가루 4큰술, 고추장 2큰술, 다진 마늘 1+1/2큰술, 물엿 2큰술, 맛술 2큰술, 참기름 1큰술, 간장 1+1/2큰술, 생강가루 약간(없으면 빼세요.)

미리미리 재료준비 닭정육은 마트에서 구할 수 있어요. 미리 양념에 닭고기를 재워서 가져가면 양념도 배이고 수월해요.

1 닭고기는 기름기를 떼고 깨끗이 씻어 물기를 빼주고, 분량의 양념을 만들어 1시간 정도 재워둔다. 채소는 적당한 크기로 잘라 준비한다. 2 팬에 기름을 두르고 고구마를 먼저 넣어 중불에 볶는다. 3 양념해둔 닭고기를 중불에 올려 익힌다. 4 고기가 익으면 뒤집어서 적당한 크기로 잘라준다. 5 나머지 채소들을 모두 넣어 약불에서 익힌다. 6 채소들이 숨이 죽으면 남은 양념장을 모두 넣고 강불에서 후다닥 볶는다. 7 우동사리를 넣고 익혀 먹는다.

TIP 조리 시 물이나 깻잎은 넣지 마세요.

손수 만든, 명품 햄버거

햄버거 하나, 탄산음료 한 잔이면, 간단하면서도 든든한 한 끼가 되죠. 패스트푸드라서 걱정된다면, 쓸데없는 걱정은 가라~! 손수 만든 명품햄버거 추천합니다. 영양 듬뿍, 푸짐한 명품버거! 하나씩 가족들에게 딱! 안겨보세요. 함께 만들어봐도 좋겠구요. 트레킹에 나섰다면 더없이 좋은 도시락도 되지요. 요모조모 쓰임새 좋은 메뉴. 손.수. 만들어보세요!

재료 햄버거 빵, 고기 패티, 샌드위치용 햄, 치즈, 토마토, 양파, 양상추 약간, 케첩, 스테이크소스 약간

미리미리 재료준비 햄버거 패티는 집에서 만들어 냉동실에 얼렸다가 가져가면 훨씬 편해요.

1 햄버거 패티를 만든다(햄버거 스테이크 활용하시고 참조하세요). 2 햄버거 빵 2쪽을 달군 팬에 안쪽 면만 살짝 구워 준비한다. 3 고기 패티를 올리고 스테이크소스를 조금 뿌려준다. 4 햄과 치즈를 올리고, 썰어둔 토마토와 양파, 양상추를 차례대로 올리고 케첩을 약간 뿌린다.

TIP 패티를 넉넉하게 준비하면, 햄버거로도, 햄버거 스테이크로도 활용도가 좋아요. 모닝빵을 구웠다면, 미니 버거도 좋겠죠.

고소하고 든든한, 베이컨 떡말이

재료 베이컨 5~10장, 떡볶이떡 10개, 비엔나소시지 10개, 케첩, 모짜렐라치즈 약간, 꼬지 적당량
미리미리 재료준비 떡이 딱딱할 경우 뜨거운 물에 한 번 데쳐서 사용하면 좋아요.

1 베이컨과 떡은 반으로 자르고, 소시지는 칼집을 넣어 준비한다. 2 떡은 베이컨으로 돌돌 말아 소시지와 번갈아가며 꼬지에 끼운다. 3 달군 팬에 재료를 끼운 꼬치를 넣고 뒤집어가며 노릇노릇 굽는다. 4 구운 꼬치 중 몇 개를 취향에 따라 모짜렐라 치즈를 얹어 구워낸다.

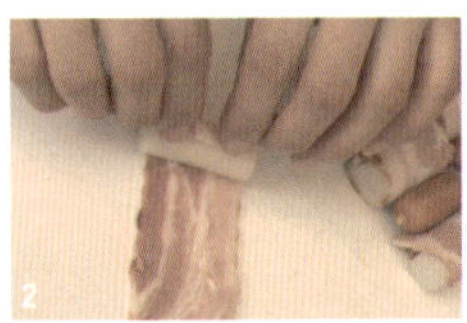

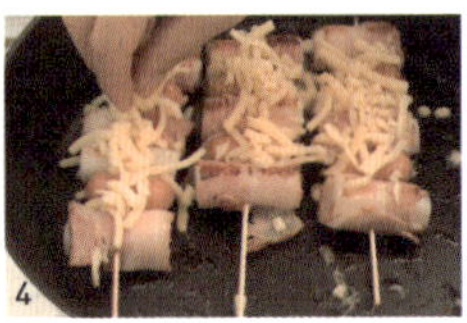

TIP 떡은 반으로 자르지 않고 베이컨을 말아 꼬지에 끼워 떡꼬지 양념을 활용해도 좋아요.

심야식당의 추억 메뉴, 비엔나소시지 볶음

일본만화 〈심야식당〉에서 본 비엔나 소시지 볶음은 정말 추억을 들추어요. 〈심야식당〉 덕분에 요리에 대한 많은 이야깃거리들이 떠올랐어요. 어릴 적 비엔나 소시지는 도시락 단골 메뉴이기도 했었죠. 캠핑장에서도 간단하게 만들 수 있는 단골 메뉴인 것 같아요. 음식 하나하나에 소중한 추억을 담아, 오늘도 좋은 사람과 함께 요리해보세요.

재료 비엔나소시지 1봉지, 파프리카 1개, 간장, 소금

1 소시지는 모양을 내어 준비하고, 파프리카는 채썬다. 2 달군 팬에 소시지를 넣고 볶는다. 3 소시지가 노릇해지면 썰어둔 파프리카를 넣어 함께 볶는다. 4 파프리카가 숨이 죽으면 소금을 한 꼬집 넣고, 간장을 적당히 넣어 볶아낸다.

TIP 피망을 넣어도 맛있어요. 간단하면서 어릴 적 추억을 떠올려주는 음식이죠. 맥주 안주로도 좋아요.

여러가지조리기구
넓어지는요리세계
마이크로오벌

쉿! 식초의 비밀,
포크 아도보

아도보는 고기에 간장과 식초로 간을 한 필리핀 요리예요. 오벌을 사서 시즈닝이 끝나자마자 만들어보았어요. 한 가족 먹기 적당한 크기의 오벌. 딱 좋네요. 더운 날씨, 고기가 상하지 않게, 고기를 부드럽게 만들어주는 것이 식초예요. 캠핑장에서 해먹기 딱 좋은 아도보. 식초를 믿어요!

재료 돼지고기 600g, 레몬 1/2개, 간장 2큰술, 식초 1작은술, 물 1컵, 당근1/4개, 감자(소) 1개, 양파(소) 1개, 깐마늘 5쪽, 월계수잎 5장, 통후추 약간, 올리브오일 약간

미리미리 재료준비 아도보는 어떤 고기든 상관없어요. 쇠고기, 돼지고기, 닭고기 모두 오케이.

1 돼지고기는 적당한 크기로 썰어 레몬즙을 뿌려 비닐팩에 재워둔다. 2 당근, 감자, 양파를 한 입 크기로 썰어주고, 마늘은 3등분 해둔다. 3 달군 팬에 올리브유를 두르고, 양파와 마늘을 먼저 넣어 볶는다. 4 마늘이 노릇해지면 돼지고기를 넣고 익히다가 물을 부어 익힌다.
5 끓기 시작하면 썰어둔 채소와 월계수잎, 통후추를 넣고 끓인다. 6 고기가 어느 정도 익으면 간장과 식초를 넣어 간을 한 뒤, 물이 반으로 줄 때까지 졸여준다. 매운 맛을 원하면 이때 고추를 넣고, 설탕이나 물엿으로 마무리 간을 해준다.

1

2

4

5

TIP 필리핀 식초는 우리나라 것보다 신맛이 덜하기 때문에 식초는 많이 넣지 않는 게 좋아요. 취향에 따라 건고추, 청양고추, 물엿 등으로 맛을 내보세요.

푸짐함에 반하다,

피시 앤 칩스

피시 앤 칩스는 영국의 길거리 음식이죠. 값이 싸고 저렴해서 여행객의 오랜 단골 메뉴이기도 해요. 흰살 생선에 튀김옷을 입혀 튀겨내고, 감자를 채썰어 함께 튀겨내 소스와 곁들이면 돼요. 여행객도 푸짐한 양에 반한 피시 앤 칩스. 캠핑장에서 아이들과 함께 푸짐하게 즐겨보세요. 고소한 흰살 생선을 맛볼 수 있어요.

피시 재료 흰살 생선 6조각, 밀가루 1컵, 베이킹파우더 1작은술, 맥주 2/3컵, 계란 1개, 식초 1/2큰술, 녹말가루 1큰술, 소금, 후추 적당량 칩 재료 감자 큰 것 1~2개, 밀가루 1큰술, 식용유 적당량, 레몬 1/2개

미리미리 재료준비 흰살 생선은 뼈를 발라 길게 포를 떠 냉동시켜 놓은 것을 마트에서 구할 수 있어요. 소스는 케첩과 타르타르 소스, 혹은 브라운 HP 소스를 곁들이고, 소금이나 식초, 레몬즙을 뿌려 먹기도 해요.

1 흰살 생선은 키친타월로 물기를 빼고, 소금, 후춧가루로 밑간을 해둔다. 2 분량의 밀가루, 베이킹파우더, 맥주, 계란, 식초를 넣어 튀김옷을 만든다. 3 밑간한 생선에 녹말가루를 얇게 입혀준다. 4 감자는 껍질째 깨끗이 씻어 1~1.5cm 두께로 길게 채썬 뒤, 찬물에 담가 전분기를 빼준다. 5 감자는 물기를 빼고, 키친타월로 물기를 말끔히 제거한 뒤, 밀가루를 입혀 털어준다. 6 마이크로오벌에 식용유를 적당량 붓고, 튀김온도를 만든다. 7 튀김온도가 되면(180~190도 사이) 생선에 튀김옷을 입혀 튀겨낸다. 8 감자를 넣고 튀겨낸다. 바삭한 것을 원하면 1~2분 뒤에 다시 한 번 튀긴다. 9 접시에 튀긴 생선과 감자를 푸짐하게 담고, 레몬과 소금을 곁들여 낸다.

TIP 튀김반죽을 할 때 맥주는 한꺼번에 넣지 말고 반죽의 질기를 봐가면서 조금씩 넣어주세요. 취향에 따라 완두콩, 샐러드, 오이나 양파 피클 등을 곁들여도 좋아요.

여러가지조리기구
넓어지는요리세계
마이크로캡슐

속을 가득 채운 오동통,

오징어순대

속초 여행을 갔을 때 맛본 아바이 오징어순대가 기억에 남았어요. 오징어 속을 가득 채워 더욱 오동통해진 오징어를 맛볼 수 있었죠. 계란물을 입혀 한 번 더 구워나와 고소함도 가득했어요. 마이크로캡슐에 오징어 속을 꽉꽉 채워 익혀주면 아주 간편하답니다. 캠핑장에서 모두 둘러 앉아 쫄깃하고 고소한 오징어 순대를 맛보세요. 내 마음도 오동통 살이 오릅니다.

재료 오징어 2마리(작은것), 두부 1모, 돼지고기 다짐육 300g, 당근 1/2개, 부추 1줌, 당면 1줌, 계란 1개, 소금, 후추 적당량, 참기름 1큰술, 밀가루 약간

미리미리 재료준비 오징어에 넣을 소를 미리 만들어 밀폐용기나 지퍼백에 넣어가면 간편해요.

1 오징어는 다리와 내장을 제거하고, 통으로 깨끗이 씻어 물기를 빼고 준비한다. 2 두부는 으깨어 물기를 꼭 짜고, 당근, 부추, 삶은 당면은 잘게 다져 준비한다. 3 볼에 돼지고기, 두부, 당근, 부추, 삶은 당면을 모두 넣고, 소금, 후추, 참기름으로 간을 한 뒤 잘 섞이도록 치댄다. 4 계란을 넣고 잘 섞어 반죽의 질기를 봐가면서 밀가루를 조금 넣어준다. 5 오징어 속에 밀가루를 넣어 골고루 묻힌 후 남은 밀가루는 털어낸다. 6 순대소를 오징어에 가득 채우고, 끝을 이쑤시개로 막아준다. 7 마이크로캡슐에 오징어를 넣고, 약불에서 익힌다. 8 꺼내어 썰어준다.

6

7

8

TIP 오징어순대는 썰어서 밀가루 입히고 계란을 묻혀 구워도 고소해요. 만들고 남은 소는 동그랑땡을 만들어도 좋고, 여러 모로 활용해보세요.

넓어지는 요리세계
여러가지 조리기구
토스터기

먹을수록 고소해,
가래떡구이

가래떡의 매력은 활용도가 좋다는 것과 담백한 맛, 그리고 속을 채워주는 든든함이죠. 그냥 꿀에 찍어 먹어도 고소하지만, 오일을 두르고 살짝 한 번만 구워주면 더 고소하고 짭조름한 가래떡을 즐길 수 있답니다. 꼬지에 끼워 구우면 한 입에 쏙 들어가는 센스까지! 앗, 뜨거우니 조심하세요. 후~~후~~.

재료 가래떡 3줄, 식용유 약간, 소금 약간, 꼬지

1 가래떡 2줄은 손가락 길이만큼 썰고, 1줄은 1cm 두께로 동그랗게 썰어 준비한다. 2 꼬지에 손가락 길이만 한 가래떡은 길쭉하게 꽂아 준비하고, 동그랗게 썬 것은 꼬지에 3개씩 꽂아준다. 3 식용유에 소금을 넣고, 실리콘 붓으로 양념을 가래떡에 앞뒤로 잘 발라준다. 4 토스터기를 스토브에 올려 불을 켜고, 양쪽에 꼬지를 올리고 돌려가며 노릇노릇 굽는다.

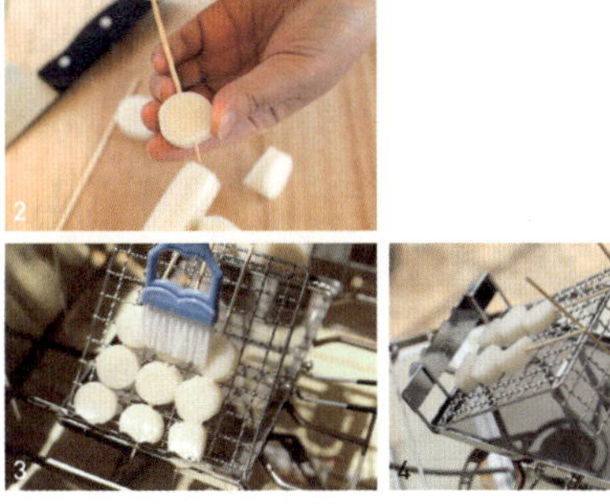

TIP 가래떡이 딱딱해졌다면, 뜨거운 물에 잠깐 담궜다 구우면 됩니다.
이걸로 밋밋하다면, 떡꼬지 양념을 살짝 발라주세요.

더치오븐과 그릴, 그밖의 캠핑 요리 장비들이 없다고 해서 캠핑 요리를 근사하게 즐길 수 없는 것은 아니다. 우리 집 주방을 고스란히 캠핑장으로 옮겨놓을 수 없어 불편하긴 하지만, 조금만 신경쓰면 캠핑장에서도 맛있는 요리를 맛볼 수 있다. 번거로운 재료 손질은 집에서 해가고, 많은 종류의 양념이 필요한 양념장은 미리 만들어가면 된다. 음식의 맛을 내는 데 큰 역할을 하는 육수 우려가기도 그중 하나. 메인 요리 하나에, 집에서 만들어둔 밑반찬 몇 가지면, 훌륭한 한상 차림이 된다. 그리고 또 하나, 식사 시간을 즐겁게 해주는 것은 바로 자연이다. 야외에서 먹으면 그 무엇도 맛있다.

캠 핑 한 상 차 림
매일먹는
밥상차림
밥과 국,
캠핑장에서도 변함없이
맛있고 특별한 요리

먹기만 해도 기운 쑥쑥,

굴무밥

제철 맞은 굴은 기운을 돋워주는 영양만점 식재료죠. 다양한 요리에 활용할 수 있는 착한 굴. 쌀쌀해진 날씨엔 캠핑장에서 피곤한 몸과 마음을 달래줄 굴밥을 추천합니다. 시원한 무는 굴과 찰떡궁합. 밥에서 시원하고 향긋한 향이 물씬 난답니다.

재료 쌀 3컵, 굴(큰것) 1봉지, 무 1/4개, 당근 약간, 소금 약간 양념장 간장 4큰술, 국간장 1큰술, 청주 1큰술, 매실액 1큰술, 고춧가루 2큰술, 다진 마늘 1큰술, 다진 파 1큰술, 깨소금 1큰술, 참기름 1큰술, 육수 2큰술, 달래 약간

미리미리 재료준비 굴은 봉지굴을 사면 캠핑장에서 흐르는 물에 살짝 씻어 준비하세요. 양념장은 집에서 만들어가면 편해요. 달래는 따로 준비해서 먹기 전에 넣어요.

1 쌀은 1시간가량 불려둔다. 2 굴은 소금물에 씻어놓고, 무와 당근은 채썰어 소금을 넣어 버무려둔다. 3 냄비에 쌀을 넣고 살짝 볶다가 밥물을 부어 앉힌다. 4 쌀이 끓어오르면 무와 당근을 넣는다. 5 굴을 넣어 뜸을 들인다. 6 양념장을 만들어 함께 낸다.

TIP 무와 당근에 소금을 넣어 잠깐 절여두었다 요리하면 잘 부서지지 않아요.
양념장에 국간장을 조금 넣으면 뒷맛이 깔끔하고, 설탕 대신 매실액을 넣으면 건강에도 좋고 짠맛도 줄여줍니다. 육수가 없으면 생수를 약간 넣으셔도 돼요.
남은 굴이 있다면 계란 살짝 묻혀 굴전을 구워도 맛있어요.

결코 평범하지 않아, 간단 콩나물밥

매일 먹는 밥, 매일 먹는 반찬. 야외에서 먹으면 그 무엇도 맛있지만, 콩나물 한 줌이면 특별한 한 끼가 될 수 있죠. 양념장에 쓱쓱 비벼, 김치 하나면 끝. 별 반찬 없어도 손쉬운 콩나물밥. 늦게 도착한 캠핑장에서 간단하지만 특별한 한 끼를 만끽해보세요.

재료 쌀 3컵, 콩나물 2줌 양념장 간장 3큰술, 국간장 1큰술, 매실액 1큰술, 고춧가루 2큰술, 다진 마늘 1작은술, 다진파 1큰술, 깨소금 1큰술, 참기름 1큰술
미리미리 재료준비 양념장은 집에서 만들어 양념병이나 밀폐용기에 넣어가세요.

1 쌀은 씻어 30분~1시간 정도 불려 놓는다. 2 불린 쌀을 냄비에 넣고 저어가며 볶는다.
3 씻어놓은 콩나물을 쌀 위에 올리고 물을 넣고 뚜껑을 덮는다. 4 김이 나기 시작하면 불을 줄이고 뜸을 들인다. 5 분량의 레시피대로 양념장을 만든다. 6 뜸이 들면 콩나물과 밥을 잘 섞어 뜨고 양념장을 올려 비벼 먹는다.

TIP 콩나물을 넣은 밥은 김이 날 때까지 뚜껑을 열지 마세요. 비린 맛이 나요. (코펠의 경우 김이 나기 시작하면 약한 불로 줄여 은근히 익히세요.) 달래 양념장도 맛나요. 위의 양념장 레시피에 달래를 2~3cm 길이로 썰어 넣으면 된답니다.

영양 듬뿍! 표가 나요, 표고버섯영양밥

어느 흐린 날, 중도 캠핑장에서 갖가지 잡곡을 넣어 영양밥을 지었어요. 좋은 사람과 함께 달래장에 비벼먹는 맛. 영양도 가득, 행복도 가득. 더치오븐에 눌은 누룽지도 최고예요.

재료 쌀 3컵, 흑미 1줌, 기장 1컵, 완두콩 2줌, 검은 콩 2줌, 표고버섯 3개, 은행 10알, 대추 5알
달래 양념장 간장 4큰술, 국간장 1큰술, 매실액 1큰술, 고춧가루 2큰술, 다진 마늘 1큰술, 다진 파 1큰술, 깨소금 1큰술, 참기름 1큰술, 육수 2큰술, 달래 1줌
미리미리 재료준비 집에 있는 잡곡을 활용하세요. 쌀과 잡곡을 비닐팩에 넣어가면 편해요.
표고버섯은 마른 것은 물에 불려 채썰어 준비하세요. 쌀 불릴 때 같이 불리면 됩니다.

1 쌀은 30분 이상 불린다. 2 불린 쌀과 잡곡을 냄비에 넣고 채썬 표고버섯도 올려주고 물을 붓는다. 3 김이 나고 밥물이 끓어오르면 불을 줄이고 뜸을 들인다. 4 밥이 끓는 동안 양념장을 만든다. 5 뜸들일 때 은행과 씨를 빼고 돌려깎은 대추를 함께 넣어준다. 6 잡곡을 잘 섞어 밥을 뜨고 달래 양념장과 함께 낸다.

2

5

TIP 남은 표고버섯은 된장찌개나 버섯불고기에 넣어 활용해보세요. 표고버섯 기둥은 국이나 찌개 육수 낼 때 넣어도 맛있어요.

훌훌 말아 한 그릇 뚝딱, 도토리묵밥

예전에 부석사 가는 길에 할머니 묵조밥을 먹었어요. 줄서서 기다려 겨우 먹고 나온 그 묵밥 맛이 잊혀지지 않았죠. 그후 어디서든 가족 모두 즐겨먹는 메뉴가 되었어요. 묵과 김치와 멸치육수가 주는 담백하고 깔끔한 맛. 한 그릇 후루룩 말아 뚝딱 비우고 산책을 즐기세요.

재료 밥 2공기, 도토리묵 1팩, 총총 썬 묵은 김치 2줌, 오이 1/2개, 참기름 약간, 다진 쪽파 약간, 깨소금, 김가루 육수 멸치 10마리, 다시마 1조각 우린 육수 양념장 간장 3큰술, 국간장 1큰술, 고춧가루 2큰술, 매실액 1큰술, 참기름 1작은술, 다진 마늘 1작은술, 다진 파 1큰술, 통깨 약간
미리미리 재료준비 흰쌀에 기장을 약간 섞어 묵밥을 만들면 묵조밥이 되지요. 묵은지가 없다면 김치를 상온에 미리 꺼내두어 신김치로 활용하세요. 김치는 집에서 미리 총총 썰어 양념해 가져가시고, 양념장도, 육수도 미리 준비해가세요.

1 냄비에 밥을 앉히고, 한쪽에 육수도 준비한다. 2 도토리묵은 적당하게 채썰어 준비하고, 김치는 총총 썰어 참기름과 깨소금으로 밑간을 해둔다. 3 오이는 채썰고 쪽파는 다져놓고, 김가루는 바수어놓는다. 4 밥과 육수가 다 되면 대접에 밥을 푸고 그 위에 준비해둔 묵, 김치, 오이를 적당히 올린다. 5 밥에 육수를 붓고, 다진 파와 깨소금, 김가루를 올려 양념장으로 간을 해 먹는다.

TIP 육수를 낼 때 국간장 한 스푼 정도를 넣어 간을 하면 더 맛깔스런 국물이 됩니다.
날이 쌀쌀할 땐 육수를 따끈하게, 날이 더울 땐 차게 준비해보세요.
남은 도토리묵은 채소를 채썰어 양념장에 살짝 무쳐 먹어도 맛있답니다.

입 안의 축제날, 새싹날치알밥

신선한 새싹 채소, 별다른 손질 필요 없이 살살 흔들어 씻어주면 끝. 푸른 캠핑장과도 잘 어울리는 메뉴예요. 톡톡 날치알 터뜨리는 재미가 쏠쏠하죠. 먹는 동안 입 속이 심심하지 않아요. 별다른 노력 없이 차려내도 생색낼 수 있는 착한 요리랍니다.

재료 새싹채소 1봉지, 날치알 1팩, 무순 약간, 밥 2공기 양념장 간장 2큰술, 국간장 1작은술, 고춧가루 1큰술, 참기름 1작은술, 청주 1큰술, 레몬즙 1작은술, 다진 파, 깨 약간
미리미리 재료준비 양념장은 만들어가면 간편해요.

1 밥을 그릇에 담고, 그 위에 씻어 물기를 뺀 새싹채소를 종류별로 올린다. 2 날치알을 채소 위에 올리고, 무순으로 장식한다. 3 양념장을 넣어 젓가락으로 살살 비벼 먹는다.

1

2

3

TIP 새싹채소는 숟가락으로 비비면 물러지므로, 젓가락으로 살살 비벼 드세요. 남은 새싹채소는 샐러드나 비빔국수에도 활용해보세요.

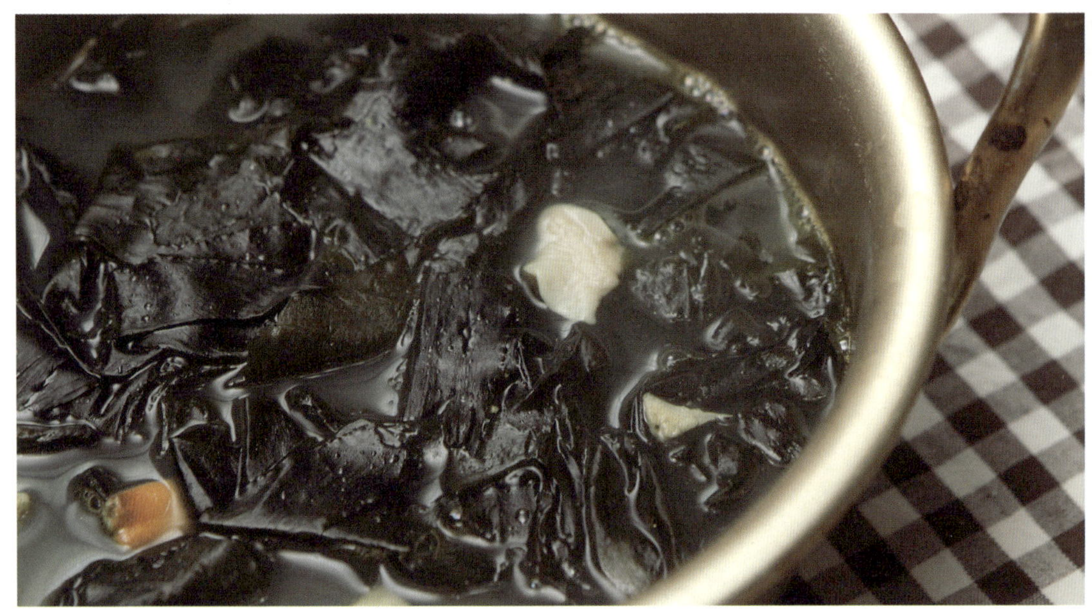

실속 있고 알찬, 개조개 미역국

"캠핑장에서 웬 미역국?"이라고 하실지 모르겠어요. 하지만 흐린 날이나, 가족의 생일날 캠핑장에서 조개를 넣고 미역국을 한 냄비 끓여보세요. 뜨끈하게 속을 데워주는 국물 맛을 잊을 수 없을 거예요. 어린아이들에게도 한 끼 든든하게 먹일 수 있죠. 즉석 미역국만큼 간단하지만 맛은 엄청나게 다른 미역국이랍니다. 남아도 걱정 마세요. 미역국은 끓일수록 더 맛있으니까요.

재료 불린 미역 2줌, 개조개 2개, 참기름 1큰술, 국간장 3큰술, 소금 약간 육수 멸치·다시마 육수
미리미리 재료준비 미역은 집에서 불려서 팩에 넣어가거나 마른 미역을 적당한 크기로 부숴 팩에 넣어가도 됩니다. 육수는 집에서 우려 밀폐용기에 넣어가거나 다시팩을 챙겨가도 좋아요. 조개는 비닐팩에 넣어 얼려가세요.

1 미역은 찬물에 넣어 불려 씻어서 적당한 크기로 썰어놓고, 조개도 잘게 썰어둔다. 2 육수를 우려놓는다. 3 냄비에 참기름을 두르고, 조개를 넣고 볶는다. 4 조개가 익으면 준비해둔 미역을 넣고 국간장 1큰술을 넣고 함께 볶아준다. 5 미역이 잠길 만큼 우려둔 육수를 넣고 남은 국간장을 넣어 센불에서 끓인다. 6 끓으면 불을 중약불로 낮춰 은근히 끓이고, 소금으로 모자란 간을 맞춘다.

TIP 육수를 우려 미역국을 끓이면 심심하던 미역국 맛이 달라집니다. 국간장은 소금보다 국맛을 더욱 깊게 해줘요. 조개 대신 쇠고기를 넣어도 좋아요. 아이가 있을 경우 다짐육이나 국거리를 잘게 다져 사용하면 먹기 편해요.

속 시원한, 굴무국

남편 친구 가족들과 캠핑을 갔어요. 해가 지고 화롯불 피워 담소를 나누며 즐겁게 술 한잔씩 나누게 되었죠. 다음 날 아침 무를 나박썰어 기운 돋워주는 굴을 넣고 굴무국을 끓였어요. 다들 "어~, 좋다"를 연발하네요. 얼큰한 거 좋아하시면 청양고추 하나 덤으로 넣어요.

재료 굴 300g, 납작 썬 무 1줌, 두부 1/2모, 불린 미역 약간, 국간장 2큰술, 소금, 대파 1뿌리, 후춧가루 약간, (기호에 따라) 청양고추 1~2개 육수 멸치, 다시마 육수
미리미리 재료준비 미역까지 챙기기 귀찮으면 안 넣어도 상관없어요. 잘게 부순 마른 미역을 비닐팩에 넣어두세요. 어묵탕이나 굴국, 우동 끓일 때 조금 넣으면 훨씬 맛이 난답니다.

1 육수를 우려두고, 굴은 체에 받쳐 흐르는 찬물에 살짝 흔들어 씻는다. 2 무는 납작썰기해서 준비하고, 두부도 적당한 크기로 썰어둔다. 3 불린 미역은 총총 다져 준비하고, 대파도 모양대로 썬다. 4 육수가 끓기 시작하면 무를 넣고 끓이다가 한 번 끓어오르면 미역과 두부를 넣는다. 5 한 번 더 끓어오르면 굴을 넣고, 국간장으로 간을 한다. 6 대파와 고추를 넣고 모자란 간은 소금으로 하고 후춧가루를 약간 뿌려낸다.

TIP 굴은 오래 끓이면 맛이 없어지니 먹기 직전 넣어 한 번 후루룩 끓여주세요. 먹다 남은 굴국은 육수나 물을 조금 더 붓고 밥을 넣어 굴국밥을 해서 드셔도 좋아요.

봄날의 천하장사, 도다리 쑥국

봄이다 싶으면 제일 먼저 생각나는 음식이에요. 나른해지기 시작할 때, 남편이 늘 하는 말이 있죠. "도다리 쑥국, 한 그릇 하면 좋겠다." 통영 여행길에 만난, 묽게 푼 된장국에 떡 하니 들어앉은 도다리 한 마리와, 향긋하고 연한 쑥 한 줌. 그 맛을 잊기란 쉽지 않아요. 음…… 그렇다면 이른 봄, 캠핑장에서 그 맛을 보죠, 뭐.

재료 도다리 1마리, 쑥 200g, 된장 2큰술, 쌀뜨물, 소금 약간, 쪽파 약간
미리미리 재료준비 도다리는 손질해 깨끗이 씻어 비닐팩이나 밀폐용기에 담아 쿨러에 넣어가세요. 캠핑장 주변에서 아이들과 함께 쑥을 캐서 끓여보세요. 좋은 경험이 될 거예요.

1 도다리는 손질해서 깨끗이 씻어 물기를 빼고 준비하고, 쑥은 다듬고 깨끗이 씻어 물기를 빼 놓는다. 2 냄비에 쌀뜨물을 넣고, 된장을 넣어 푼다. 3 된장물이 끓으면 도다리를 넣고 한소끔 끓이다가 쑥과 파를 넣고 후루룩 끓여낸다. 모자란 간은 소금으로 한다.

1

2

3

TIP 도다리와 쑥은 오래 끓이면 맛이 없어요. 살짝 익을 정도만 끓이세요.
남은 쑥은 쑥튀김이나 쑥완자국을 만들어도 좋아요.

감 잡았어~, 감자국

캠핑장에서 감자만큼 실속 있는 식재료도 없을 거예요. 웨지감자, 카레, 급할 때는 감자채볶음으로 밑반찬, 화롯불에 포일 싸서 던져놓았다 먹는 감자구이, 치즈를 올려 치즈감자구이……. 감자 몇 개면 푸짐하고 맛있는 한 끼를 해결할 수 있죠. 그래도 감자가 남았다면 감자국을 시원하게 끓여보세요. 감 잡았어~! 감자요리!

재료 감자 2개, 양파 1개, 두부 1/2모, 다진 마늘 1큰술, 대파, 소금 약간씩, 국간장 2큰술, 고춧가루 한 꼬집 육수 멸치·다시마 육수
미리미리 재료준비 육수를 미리 우려 밀폐용기에 담아가거나 다시팩을 이용하면 간편해요.

1 감자와 양파는 적당한 크기로 썰고, 두부와 파도 썰어놓는다. 2 육수를 우려낸다. 3 물이 끓으면 감자와 양파, 두부를 넣어 끓인다. 4 국이 끓기 시작하면 다진 마늘과 고춧가루 한 꼬집, 국간장을 넣는다. 5 모자란 간은 소금으로 하고, 대파를 넣어 끓여낸다.

1

3

5

TIP 육수를 우린 다시마는 채썰어 얹어도 좋아요. 남은 감자는 채썰어 볶거나 깍둑썰기해서 볶다가 간장으로 졸여보세요. 캠핑장에서 간단한 밑반찬이 됩니다.

캠 핑 한 상 차 림
두루두루
같이즐겨요
아빠에겐 술 안주
아이에겐 한 끼 식사

평생 조연에서 최고의 주인공으로,

어묵탕

요리에서 어묵의 역할은 평생 조연 같아요. 어느 음식에든 보조재료로 쓰이기 쉽잖아요. 하지만 어묵이 최고의 주인공이 되는 요리가 있죠. 바로 어묵탕이에요. 여러 가지 어묵들을 모아 끓이면 완전 종합선물세트죠. 아빠 술안주로도, 아이들 푸짐한 식사로도 좋은 어묵, 너는 오늘의 주인공.

재료 종합 어묵 1봉지, 무 1/4조각, 대파, 고추 적당량, 국간장 2큰술, 꼬지 육수 멸치·다시마, 무 육수

미리미리 재료준비 종합 어묵이 없을 경우 일반 어묵을 사다가 적당한 크기로 잘라 쓰시면 됩니다. 다시팩 잊지 마세요.

1 육수를 우려낸다. 2 무는 적당한 크기로 썰고, 어묵은 꼬지에 끼워둔다. 대파와 고추도 썰어 놓는다. 3 육수가 끓으면 국간장으로 간을 하고, 무를 넣어 한소끔 끓인다. 4 무가 투명해지면 어묵을 넣어 나머지 간을 소금으로 하고 대파와 고추를 넣는다.

2

3

4

TIP 취향에 따라 미역이나 삶은 계란, 유부 등을 넣어도 맛있어요.

찬 바람이 불면, 동태탕

캠핑장에서 쌀쌀한 날씨에 딱 어울리는 매콤하고도 시원한 국물. 옹기종기 모여 앉아 동태 한 토막씩 건져내어 살살 살 발라 먹는 재미도 있어요. 전날 마신 술로 지친 속을 풀어주기에도 그만인 동태탕. 찬바람 스산할 때 보글보글 끓여주면 감동이 두 배!

재료 동태 1마리, 두부 1/4모, 무 1/4조각, 느타리버섯 한 줌, 쑥갓, 대파, 고추 약간 양념 고춧가루 2큰술, 다진 마늘 1큰술, 국간장 2큰술, 청주 1큰술

미리미리 재료준비 동태는 집에서 손질해서 씻어 비닐팩에 넣어가요. 양념장은 미리 만들어가면 편하기도 하고, 고춧가루가 겉돌지 않아 좋기도 해요.

1 냄비에 물을 붓고, 무와 다시팩을 넣어 육수를 우린다. 2 그동안 두부와 무를 적당한 크기로 썰고, 대파와 고추도 썰어둔다. 3 육수가 끓으면 양념장과 무를 먼저 넣고 끓인다. 4 무가 투명해지면 동태, 두부, 버섯을 넣고 한소끔 끓여 대파와 고추, 쑥갓을 얹어낸다.

TIP 취향에 따라 명란이나 곤이, 새우, 조개 등을 넣어 드셔도 맛있어요.

의외의, 부대찌개

부대찌개는 아빠 술안주로 그만이다라고 생각했는데, 그게 아니었어요. 의외로 아이들이 더 좋아하는 메뉴. 아이들이 좋아하는 재료가 모두 들어 있거든요. 온 가족 둘러앉아 면 사리 익을 때까지 기다리며 마음에 드는 걸 조금씩 골라 먹는 재미. 아이들의 환한 웃음만큼이나 행복해지는 요리죠. 끓일수록 깊어지는 맛. 우리 가족 즐거움도 깊어가요.

재료 햄 1/4개, 소시지 1개, 부대찌개 콩 1/2컵, 김치, 가래떡 1줌씩, 무 1/4조각, 두부 1/4모, 각종 버섯 적당량, 대파 양념 고춧가루 3큰술, 고추장 1큰술, 간장 3큰술, 청주 2큰술, 다진 마늘 2큰술 육수 멸치·다시마·무 육수
미리미리 재료준비 육수는 미리 우려놓고 각 재료들은 손질해서 한꺼번에 가져갑니다.

1 육수를 우린다. 2 분량대로 양념장을 만든다. 3 각 재료들은 적당한 크기로 썬다. 4 냄비에 준비한 재료들을 돌려 담고, 양념장을 얹어 육수를 부어 끓인다. 5 끓으면 양념을 잘 섞어낸다.

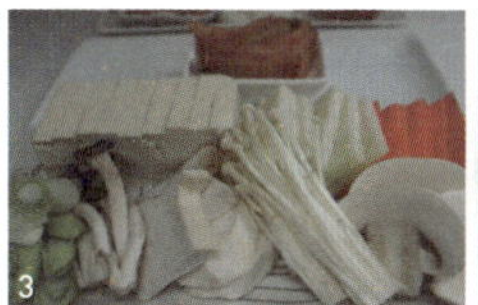
3

4

5

TIP 라면사리나 우동사리를 넣어도 맛있어요. 재료는 취향에 따라 준비하세요.

매콤 달콤 새콤, 골뱅이소면무침

음식점에서 사먹을 때마다 양이 적어 늘 아쉬웠던 메뉴. 푸짐하게 준비해서 다른 사람 눈치 안 보고 실컷 먹으니 참 좋아요. 더운 여름엔 오이냉국을 곁들이면 한 끼 식사로도 거뜬. 아빠 술안주로도 그만이죠. 시원한 맥주 한 잔이 그리워져요.

재료 골뱅이 1캔, 당근, 오이, 양파, 양배추, 미나리 적당량, 소면 2줌 양념 고추장 2큰술, 고춧가루 1큰술, 간장 1큰술, 식초 2큰술, 설탕 2큰술, 다진 마늘 2큰술, 참기름 1/2큰술, 깨 적당량
미리미리 재료준비 양념은 미리 만들어 넣어가세요. 채소는 취향껏 준비하세요.

1 골뱅이는 캔의 물을 빼고 건져놓는다. 이때 골뱅이 국물을 반쯤 남겨둔다. 2 준비한 채소는 적당한 크기로 채썰어둔다. 3 분량대로 양념장을 준비해둔다. 4 냄비에 물을 끓여 소면을 삶아 씻어 건진다. 5 골뱅이와 양념장, 썰어둔 채소를 한데 넣어 조물조물 무쳐 그릇에 담는다. 6 건져둔 소면을 말아 골뱅이 무침 옆에 함께 낸다.

2

4

5

TIP 물에 한 번 씻은 일미채나 파채를 넣어도 맛있어요.

바로바로 부쳐 먹는 재미, 해물파전

이토록 준비하는 사람의 정성이 가득 느껴지는 전 요리는 없을 거예요. 화성 궁평항 가까운 캠핑장에서 신선한 해물을 사다 맛있게 부쳐 먹었던 기억이 나요. 누가 더 예쁘게 부치나 아빠 한 장, 엄마 한 장 부쳐서 아이들에게 평가받으며 먹었던 추억이 떠올라요. 푸짐한 해물 올려 바로바로 부쳐 먹는 재미가 있어요.

재료 오징어 1마리, 홍합살 1줌 , 쪽파 2줌, 고추 2개, 양파 1/2개, 계란 2개, 부침가루 1컵, 소금 약간

미리미리 재료준비 쪽파는 미리 밑손질해서 가져가는 게 좋아요. 시간이 많이 걸리니까요. 해물도 미리 손질해 비닐팩에 넣어 얼려서 쿨러에 넣어가면 상하지 않아요.

1 쪽파는 씻어 물기를 빼고, 양파와 고추는 적당히 썰어 준비한다. 2 오징어는 채썰고, 홍합살은 듬성듬성 칼집을 넣어둔다. 3 부침가루를 개어 소금을 약간 넣고 반죽을 한다. 4 달군 팬에 식용유를 두르고, 쪽파를 올린다. 5 파 위에 반죽을 약간 붓고, 그 위에 오징어와 홍합을 골고루 얹는다. 6 반죽을 조금 더 붓고, 고추와 양파를 올린다. 7 반죽이 익으면 풀어둔 계란물을 그 위에 부어주고, 한 번 더 뒤집어 노릇하게 익혀낸다.

TIP 해물은 새우나 바지락 등을 추가해 푸짐히 넣어야 맛있어요.
양념장은 간장, 고춧가루, 식초를 넣고, 양파를 작게 썰어 넣으면 맛있어요.

캠 핑 한 상 차 림

하나로 때우자

캠핑장에서 해결하는
간단한 한그릇 요리

다크서클을 잡아라,

연어초밥

캠핑철, 연이은 캠핑으로 지치셨나요? 열심히 자연에서 뛰어 노느라 눈밑에 다크서클이 완연한 아이 얼굴을 보며 웃었어요. 뭐 좋은 거 없을까? 잦은 고기요리로 기름진 속을 달래고, 연어 좋아하는 아이 기분도 맞춰줄 겸, 연어초밥을 선택했어요. 마트에 파는 훈제연어 한 팩이면 먹다 남은 찬밥으로도 뚝딱 만들 수 있는 연어초밥. 연어 색깔 참 곱죠?

재료 훈제연어 300g, 밥 3주걱, 토핑 재료 약간씩(취향에 따라) 배합초 설탕 1큰술, 소금 1/2큰술, 식초 6큰술

미리미리 재료준비 연어는 냉동훈제연어를 마트에서 구입할 수 있어요. 토핑 재료는 남는 채소나 과일로 활용하세요.

1 연어는 먹기 좋은 크기로 썰어놓는다. 2 토핑할 재료도 썰어서 준비해둔다. 3 고슬고슬하게 지어놓은 밥과 배합초를 준비한다. 4 밥과 배합초를 섞어 한 입 크기로 밥을 뭉쳐 초밥을 만든다. 5 랩 위에 연어를 올리고 밥을 올린다. 6 랩을 말아 동그랗게 만든다. 7 모양이 잡힌 초밥을 접시에 놓고, 토핑을 한다.

TIP 고추냉이를 밥 위에 올려 드셔도 됩니다. 남은 채소로 샐러드를 곁들여보세요.
초밥간장을 원하시면 진간장 100ml, 미림 45ml, 설탕 약간을 냄비에 넣고 끓기 직전 불을 끄고 식혀 드시면 됩니다.

널 잊을 수 없어, 낫또 오니기리

남편과 단둘이 도쿄 여행을 갔던 적이 있어요. 하루 종일 도쿄 시내를 돌다 저녁시간을 놓쳤죠. 호텔로 들어가는 길에 오니기리를 포장해서 가져가기로 했어요. 주인장이 추천해준 낫토 오니기리. 처음엔 그 맛이 미심쩍었는데, 기우였어요. 지금도 잊혀지지 않는 그 맛! 그 맛을 재현해 보고싶어요. 캠핑장에서도 간단하고 근사한 한 끼 식사가 됩니다.

재료 생낫또 1팩, 밥 적당량, 간장 약간, 소금 약간, 물

1 낫또는 안에 든 간장과 겨자를 넣어 젓가락으로 사정없이 휘저어준다. 2 손에 물을 묻히고, 소금을 많다 싶을 정도로 펴바른다. 3 밥을 한 줌 쥐고 모양을 잡은 다음, 가운데에 양념한 낫또를 적당히 올려 주먹밥 모양을 만든다. 4 스토브에 불을 켜고 석쇠를 올려 달구고 오일을 약간 바른 뒤, 밥을 올려놓는다. 5 간장을 밥 윗부분에 조금 발라준다. 6 밥 밑부분이 노릇하게 변하면 뒤집어서 다시 한 번 구워준다.

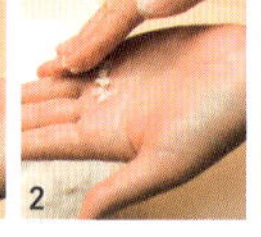

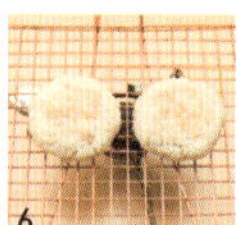

TIP 취향에 따라 김을 잘라 싸주셔도 좋아요.

오~ 차밥! 오차즈케

더운 여름 입맛 없을 때 찬물에 밥 말아 김치 올려 먹던 기억 있으시죠? 오차즈케는 찻물에 밥을 말아 채소절임을 곁들여 먹는 일본 음식이에요. 오차즈케의 고명은 그야말로 아무거나입니다. 취향에 따라, 혹은 집에 있는 재료에 따라 무엇이든 상관없어요. 상황에 따라 고명에 신경을 써서 푸짐하게도, 그렇지 않으면 찻물에 밥 말아 간단하게도 드셔보세요. 오~ 탄성이 절로 납니다.

재료 묽은 다시마가쓰오 육수 3컵, 소금 약간, 찻잎 1큰술, 밥 1공기, 각종 해초(미역, 파래 등) 약간, 다진 파 1/2큰술(대파도 가능), 연어 1조각
미리미리 재료준비 육수는 우려가면 편하지만, 여의치 않으면 다시마 1장, 가쓰오부시 1컵이면 됩니다. 해초는 미역이나 김이면 됩니다.

1 연어는 청주와 소금, 후추로 살짝 밑간을 한 후 팬에 구운 뒤 살을 발라준다. 2 다시마가쓰오 육수에 소금으로 적당히 간을 하고 주전자에 넣어 찻잎을 우려낸다. 3 취향에 따라 미역, 파래 등 해초는 적당한 크기로 썰고 파도 다진다. 4 밥을 그릇에 담고 해초와 파, 살을 발라둔 연어를 고명으로 올린다. 5 우려둔 찻물을 밥에 부어낸다. 채소절임을 곁들이면 좋다.

TIP 취향에 따라 명란젓, 우메보시, 장어나 도미 등을 올려도 되고 김이나 아라레 등을 넣어드셔도 맛있습니다.

흥건한 크림소스는 가라, 까르보나라

이탈리아에는 우리나라처럼 크림소스가 흥건한 까르보나라는 없다는 것을 아시나요? 유명한 셰프님께 들은 이야기예요. 스파게티 소스는 면을 살짝 버무려주는 정도면 된다는 것, 잊지 마세요. 느끼하지 않고 고소한 까르보나라를 즐길 수 있어요. 캠핑장에서도 후다닥 버무려 온 가족이 특별한 식사를 즐겨보세요.

재료 스파게티 200g, 베이컨 2~3줄, 달걀노른자 2개, 우유 100ml, 파르미지아노 가루치즈 2~3큰술, 면수 반 국자, 굵은 소금 1줌, 버터(혹은 올리브오일) 약간, 후추 약간, 파슬리가루 약간
미리미리 재료준비 스파게티를 잘 삶는 비법은 많은 양의 물과 소금이에요. 굵은 소금 잊지 마세요.

1 큰 냄비에 물 2리터 정도를 끓여 굵은 소금 한 줌과 스파게티를 넣고 삶는다. 2 팬에 우유를 넣어 끓이다 우유가 끓으면 불을 끄고 달걀 노른자 2개를 재빨리 휘저어 익히고, 가루치즈를 넣어 섞어준다. 3 다른 팬에 버터 1작은술(혹은 올리브오일)을 넣고 잘게 자른 베이컨을 넣어 약한 불에서 노릇하게 볶는다. 4 베이컨이 익으면, 면 삶은 물을 넣고 스파게티 면을 건져 약한 불에서 잘 버무린다. 5 2에서 만들어둔 소스를 넣고 잘 버무려주고, 후추와 파슬리가루를 뿌린 뒤 완성한다.

TIP 면을 삶을 때 파스타 봉지에 적힌 시간을 믿지 마시고, 꼭 먹어보세요.
그리고 면을 삶을 땐 뚜껑을 덮지 않습니다.

허전함을 채워라, 갈쌈국수

면이라면 가족이 모두 좋아하는데, 먹고 돌아서면 출출해지는 것이 흠이라면 흠이죠. 좋아하는 국수와 무엇을 함께 먹으면 든든할까 고민하다 맛집에서 먹었던 메뉴가 떠올라 만들어보았어요. 돼지고기를 곁들인 국수. 잔치국수든, 비빔국수든 취향에 따라 골라 골라 마음껏 즐겨요.

재료 소면 2줌, 오이 1개, 상추 4잎, 계란 2개, 돼지고기(앞다리살) 600g 비빔국수 양념 고추장 3큰술, 고춧가루 1큰술, 간장 1큰술, 국간장 1/2작은술, 매실액 1큰술, 식초 3큰술, 레몬즙 1/2~1큰술, 청주 1큰술, 참기름 1큰술, 다진 마늘 1큰술, 다진 파 약간 돼지고기 양념 간장 3큰술, 국간장 1/2큰술, 매실액 1큰술, 사과 1/2+양파 1/4 갈은 것, 후춧가루 약간, 생강 약간, 다진 마늘 1톨, 청주 1큰술
미리미리 재료준비 돼지고기와 비빔국수 양념은 집에서 만들어 밀폐용기에 넣어가세요.

1 돼지고기는 한 입 크기로 썰어 양념장에 재워둔다. 2 오이는 어슷썰고, 상추는 잎을 돌돌 말아 채썰어 준비한다. 3 재워둔 고기는 석쇠에 펼쳐 뒤집어가며 불에 구워준다. 4 국수를 삶는 동안 비빔국수 양념을 만들고, 계란 지단을 부쳐 썰어놓는다. 5 삶은 국수와 비빔양념, 준비해 둔 채소를 버무려 담고 지단을 올린다. 6 그 옆에 구워진 돼지고기를 함께 담아낸다.

TIP 남는 국수는 골뱅이나 오징어 요리에 곁들여보세요. 어른들 술안주로 좋습니다.
남은 돼지고기는 양파 썰어 넣고, 간장 양념해서 밥반찬으로도 활용할 수 있어요.

황태도 생선이다, 얼큰 황태수제비

해장국 끓이고 남은 황태를 육수에 넣었더니 구수한 황태수제비가 되었어요. 쫄깃쫄깃 씹히는 황태도 생선이라고 먹고 나니 더욱 힘이 나는 것 같아요. 늘 먹던 수제비가 심심해지면 남은 재료들을 넣어 활용해보세요.

재료 밀가루, 물, 황태포 1줌, 다진 김치 1줌, 감자 1개, 애호박 1/3개, 파 약간 육수 멸치·다시마 육수
미리미리 재료준비 밀가루 반죽은 집에서 만들어 비닐팩에 넣고 얼려서 가져가면 간편해요. 1kg짜리 밀가루 한 봉지를 반죽하면 4인 가족 세 덩어리 정도 얼릴 수 있답니다.

1 밀가루 반죽을 하여 비닐팩에 넣어둔다. 황태포는 한 번 씻어 물을 꼭 짜서 준비한다. 2 육수를 우리는 동안, 김치는 다지고, 감자와 호박, 파는 적당한 크기로 썰어둔다. 3 육수에 김치와 감자, 호박, 황태를 넣고 끓이다가 끓기 시작하면 불을 약하게 줄이고, 수제비 반죽을 떼어 넣는다. 4 반죽을 다 넣고 난 뒤, 센불에서 한소끔 끓어오르면 대파를 넣고, 모자란 간을 하고 불을 끈다.

3

3-1

TIP 취향에 따라 청양고추를 넣어도 좋아요.

너는 누구냐, 새싹비빔국수

소면 위에 수북이 올린 새싹을 보는 것만으로도 건강해지는 느낌이에요. 보기만 해도 건강해질 것 같은 신선한 새싹들. 너무 어린 새싹이라 먹기 미안할 정도지만, 요리조리 살펴가며 무슨 싹인지 맞춰보는 재미도 쏠쏠해요.

재료 국수, 새싹채소 1봉지, 당근, 오이 각 1/2개씩 양념재료 고추장 3큰술, 고춧가루 1큰술, 간장 1큰술, 국간장 1/2작은술, 매실액 1큰술, 식초 3큰술, 레몬즙 1/2~1큰술, 청주 1큰술, 참기름 1큰술, 다진 마늘 1큰술, 다진 파 약간
미리미리 재료준비 비빔국수 양념은 미리 만들어 밀폐용기에 넣어두면 숙성도 되고 간편해요.

1 냄비에 물을 끓여 국수를 넣고 삶는다. 2 끓어오르면 찬물 1컵을 넣고 삶아 찬물에 헹궈 물기를 빼둔다. 3 당근과 오이는 각각 채썬다. 4 그릇에 삶은 국수를 적당히 담고, 그 위에 채썬 당근과 오이, 새싹채소를 얹어낸다. 5 양념장을 곁들인다.

1

5

TIP 새싹채소가 남으면 샐러드나 새싹비빔밥으로 활용하면 좋아요.

캠 핑 한 상 차 림

힘을 주는 고기 요리

캠핑장에서 빠질 수 없는 대표 요리

그 옛날 경양식 그대로,

햄버거 스테이크

무쇠팬에 지글지글 소리가 들리던 햄버거스테이크가 생각나네요. 부드러워 포크로도 충분히 잘 잘리는 스테이크를, 우아한 척 나이프로 썰던 기억도 나구요. 약간은 촌스럽기도, 약간은 쑥스럽기도 했던 그 옛날 기억들. 부들부들 입 안에서 녹는 쇠고기와 돼지고기의 조화. 캠핑장에서 가족들과 그때, 그 얘기하며 분위기 있게 햄버거 스테이크를 드셔보세요. 아이들도 좋아하는 부드러운 스테이크. 특별한 날, 특별한 메뉴가 될 거예요, 분명.

재료 쇠고기 다짐육 350g, 돼지고기 다짐육 200g, 빵가루 2줌(식빵 1+1/2장 분량, 건조빵가루 30g), 우유 2큰술, 밀가루, 버터, 소금, 양파(큰것) 1개, 계란 1개 후춧가루재료 다진 양파 1/2개, 청주 2큰술, 다진 마늘 1/4큰술, 간장 1큰술, 케첩 2큰술, 미림 1큰술, 물 2큰술, 버터 1큰술, 후춧가루 약간 가니쉬 웨지감자, 콘버터, 당근 글라세 등 이용 가능한 채소

미리미리 재료준비 집에서 스테이크를 만들어 냉동실에 얼렸다가 쿨러에 넣어가면 편해요. 작은 비닐팩에 하나씩 따로 넣어 얼리세요.

1 양파 1/2을 다져 프라이팬에 버터를 넣고 볶다가 익으면 불을 끄고 한 김 식혀 밀가루를 섞어둔다. 2 빵가루에 우유를 넣어 섞어둔다. 3 큰 그릇에 쇠고기, 돼지고기, 소금, 후추를 넣고 잘 치댄다. 4 양파와 빵가루, 계란을 넣고 가는 실 같은 것이 생길 때까지 잘 주물러 치댄다. 5 적당한 크기로 떼어 동그랗게 만든 뒤 손바닥을 치며 두 손으로 납작하게 모양을 만든다. 6 팬에 기름을 두르고 굽다가 한 면이 노릇하게 익으면, 뒤집어 불을 줄이고 뚜껑을 덮어 조금 더 익혀준다. 불을 끄고 여열로 익도록 좀더 둔다. 7 소스를 만들어 고기 위에 붓는다(분량의 소스 재료를 햄버그스테이크를 구운 팬에 넣고 잘 어우러지게 졸인다. 버터와 후춧가루를 뿌려 섞고 스테이크 위에 뿌려낸다). 8 익은 고기는 접시에 담고 가니쉬를 취향껏 만들어 함께 낸다.

TIP 햄버거스테이크는 활용도가 좋은 요리예요. 남은 스테이크는 햄버거나 샌드위치에 활용하면, 한 끼 식사가 또 완성됩니다.

국가대표 먹거리, 버섯불고기

화롯불에 직화구이가 질릴 때쯤 양념에 재워둔 불고기를 추천합니다. 너도나도 누구나 좋아하는 국가대표 먹거리. 버섯을 넉넉히 넣어주면 씹는 맛이 일품이죠. 신선한 쌈채소를 곁들이면 금상첨화. 한 입 가득 기쁨이 넘쳐요.

재료 쇠고기 불고기감 600g, 당근, 양파 각 1/2개, 느타리 버섯 1묶음, 대파 약간 양념 간장 2큰술, 맛술 1큰술, 배·양파 간 것 3큰술(없으면 물엿 2큰술), 다진 마늘 1큰술, 소금·후추 약간씩
미리미리 재료준비 양념을 만들어 고기를 재워가면 간편해요.

1 쇠고기는 키친타월에 싸서 눌러 핏물을 빼준 뒤, 먹기 좋은 크기로 자른다. 2 당근, 양파는 채 썰고, 버섯은 손으로 찢어둔다. 대파도 썬다. 3 양념을 만들어 고기를 재어놓는다. 4 달군 팬에 양념한 고기를 넣고 볶다가 썰어둔 채소를 넣고 볶는다. 5 양념이 짤 경우 물을 약간 넣는다.

1

3

4

TIP 당면을 물에 불려 넣어도 맛있어요. 이럴 경우 물이 부족하므로 물을 넉넉히 넣으세요..

생강과 돼지고기의 또 다른 변신,

생강소스 돼지고기구이

많고 많은 돼지고기 요리. 그중 간단하면서 포인트가 있는 돼지고기 요리가 아닌가 싶네요. 개인적으로 생강의 이미지를 확 바꿔준 요리랍니다. 편식하는 아이들에게도 오케이 사인 받는 훌륭한 돼지고기구이. 직화 삼겹살구이도 좋지만, 또 다른 돼지고기 맛도 즐겨보세요.

재료 돼지고기 목살(슬라이스) 400g, 생강 간 것 1큰술(취향에 따라 1/2큰술), 식용유 약간 소스 간장 3큰술, 미림 3큰술, 청주 2큰술, 설탕 1큰술

미리미리 재료준비 두툼하게 썰어둔 목살도, 얇게 슬라이스한 돼지고기도 괜찮아요. 곁들일 음식을 생각해보고 미리 준비해보세요. 겉절이나 두부된장국도 괜찮아요.

1 분량대로 간장소스를 준비하고, 생강은 강판에 갈아 준비한다. 2 달군 팬에 돼지고기를 올리고 앞뒤로 노릇하게 굽는다. 소스가 있어 밑간은 하지 않아도 된다. 3 고기가 다 구워지면, 준비해둔 소스와 생강을 넣어준다. 4 양념이 고기에 어느 정도 배어들면 고기를 접시에 담아내고, 팬에 남은 양념은 취향껏 조금 더 졸여 고기 위에 뿌려준다.

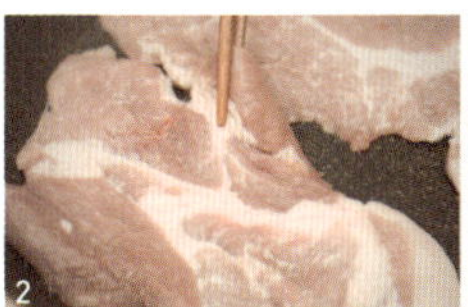

TIP 고기 구울 때 나오는 기름은 키친타월로 닦아줘야 맛이 깔끔해요.

캠 핑 한 상 차 림
아이들이 좋아라
캠핑장에서도
빠질 수 없는
우리 아이 간식

네가 진정 와플이냐,

고르곤졸라치즈 와플

캠핑장에서 와플을 구우면 더욱 좋지만, 번거롭다면 시중에 파는 와플을 활용해보세요. 여러 가지 재료들을 토핑하면 다양한 와플을 즐길 수 있어요. 엄마는 커피 한 잔을, 아이들은 우유 한 잔을 곁들이면 훌륭한 간식 타임이 되죠. 그때쯤 이런 생각이 드실 수도 있어요. "네가 진정 와플이란 말이냐?"

재료 와플 2봉지, 계절 과일 약간, 고르곤졸라 치즈 약간

1 냉동 와플은 실온에 꺼내 녹여놓는다. 2 기름을 두르지 않은 달군 팬에 뒤집어가며 1~2분씩 구워준다. 3 과일은 취향에 따라 준비해 먹기 좋은 크기로 썰어두고, 고르곤졸라도 적당한 크기로 잘라둔다. 4 구운 와플을 접시에 놓고 과일과 치즈를 올려낸다. 메이플 시럽을 곁들인다.

3

4

TIP 취향에 따라 토핑 재료를 준비해보세요. 계절 과일, 치즈, 견과류, 아이스크림이나 플레인 요구르트, 꿀이나 시럽 등 아주 무궁무진하죠.

5분 후에, 핫도그

아이들이 가장 좋아하는 메뉴죠. 소스마저 아이들이 좋아해요. 5분 안에 후다닥 만들 수 있는 초간단 간식. 두툼한 소시지는 한 끼 식사를 해결할 수 있을 정도죠. 간식으로, 혹은 간편한 한 끼 식사로 그만인 캠핑장의 스피드 요리. 아이들이 직접 만드는 것도 재미.

재료 핫도그빵 2개, 프랭크소시지 2개, 채썬 양파, 다진 피클, 버터 약간씩, 케첩, 머스터드
미리미리 재료준비 케첩과 머스터드는 여행용 작은 사이즈를 마트에서 구할 수 있어요. 양념통에 넣어두면 언제든지 쓸 수 있어 좋아요.

1 프랭크소시지는 칼집을 넣어 프라이팬에 돌려가며 구워준다. 2 핫도그빵에 버터를 바르고, 소시지를 끼운다. 3 양파와 피클을 적당히 올리고, 그 위에 케첩과 머스터드를 뿌려낸다.

1

2

TIP 채소와 소스는 취향에 따라 준비하세요.

너희가 만들어라, 떡꼬치

집에서는 아이들과 함께하지 못한 요리 시간. 캠핑장에서 아이들과 함께 만들어 먹으면 좋을 간식. 조금 삐뚤빼뚤하면 어때요. 온 가족이 함께 해서 더욱 즐거워요. 너희가 만든 떡꼬치, 너희가 먹는 재미. 이 녀석들, 만들기 전에 손은 씻었겠지?

재료 가래떡 10개, 꼬지, 소금, 식용유 약간 양념 고추장 2큰술, 케첩 2큰술, 다진 마늘 1큰술, 설탕 1큰술, 물엿 1큰술, 레몬즙 1큰술
미리미리 재료준비 양념을 미리 만들어가면 양념통이 복잡하지 않아요.

1 가래떡은 적당한 크기로 잘라 꼬지에 끼워 준비한다. 2 양념을 만든다. 3 달군 팬에 식용유를 두르고 떡을 올려 소금을 약간 뿌려준다. 4 앞뒤로 노릇하게 구운 뒤, 양념을 붓으로 발라가며 구워낸다.

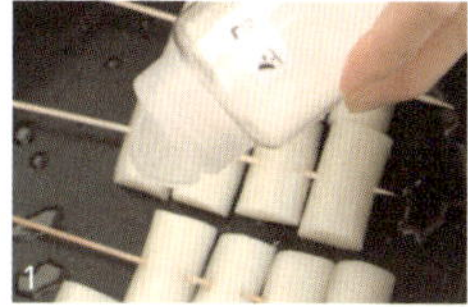

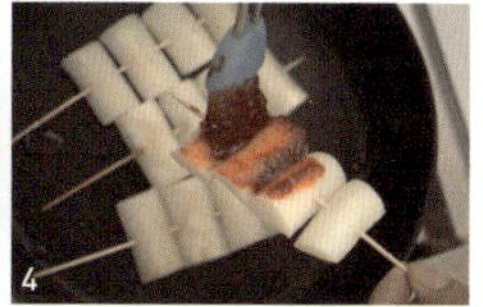

TIP 떡 사이에 비엔나 소시지나 쇠고기, 양파, 피망을 끼워도 맛있어요.
떡이 딱딱할 경우 따뜻한 물에 데쳐내어 사용하세요.

심부름의 대가, 라볶이

아이들이 좋아하는 떡과 라면을 함께 볶았어요. 모두 아이들의 대표 간식이죠. 학교 앞 분식집에서처럼 아이들과 간식 사먹기 해도 재미있어요. 라볶이 한 컵에 쓰레기 5개 줍기, 잔가지 주워 오기 등등. 캠핑장에서 열리는 즉석 마켓데이!

재료 떡볶이떡 10개, 라면 1개, 어묵, 양배추, 당근, 양파, 대파 적당량 양념 고추장 3큰술, 간장 1큰술, 국간장 1작은술, 물엿 2큰술, 참기름 1작은술, 맛술 1큰술
미리미리 재료준비 양념장 만들어가면 편해요. 양념은 떡볶이나 떡꼬치 등에 활용할 수 있으니 넉넉히 만들어두면 좋아요.

1 어묵과 채소들은 모두 적당한 크기로 썰어둔다. 2 팬에 물을 1컵 붓고, 어묵과 떡을 넣고 끓인다. 3 물이 끓으면 양념을 넣고 끓이다 채소를 넣어준다. 4 라면은 다른 냄비에 삶아 건져두었다가 넣는다. 5 대파를 넣어 마무리해낸다.

TIP 라면사리나 삶은 계란을 활용해도 되고, 떡은 떡국 떡을 넣으면 어린아이들이 먹기 편해요.

부드러운 모닝메뉴, 오믈렛

캠핑장에서 맞는 아침. 부드럽게 속을 달래줄 간단한 메뉴 중 하나예요. 캠핑장이 아니어도 아침 메뉴로 각광받고 있죠. 계란 풀어 후다닥 휘저어주기만 하면 되는 오믈렛. 가족들이 좋아하는 재료를 넣어 만들어보세요. 온 가족이 행복한 아침을 맞이할 수 있어요.

재료 계란 3개, 당근, 파프리카, 파, 양파 약간, 소금, 후추, 식용유, 우유 약간

1 볼에 계란을 잘 풀고 우유 1/4컵과 소금, 후추를 넣어 잘 섞어준다. 2 당근, 파프리카, 파, 양파를 다져 넣어준다. 3 달군 팬에 식용유를 약간 두르고, 계란물을 부어준다. 4 팬 바닥의 계란이 익기 시작하면, 젓가락으로 재빨리 휘저어준다. 5 계란이 다 익으면 접시에 담아낸다.

2

4

TIP 우유를 넣어주면 더 부드러워져요. 없으면 빼도 되고, 채소들은 캠핑장에서 쓰고 남은 것들을 활용하세요.

볼로냐소스를 이용한 볼로냐 스파게티

재료 볼로냐소스 1봉지, 스파게티면 한 줌, 햄, 다진 양파, 올리브오일 약간씩, 파머산치즈가루, 파슬리가루

1 햄과 양파는 다져놓고, 냄비에 물을 넉넉히 올려 끓이다가 소금 한 줌과 스파게티 면을 넣어 삶는다. 2 면이 삶기는 동안 달군 팬에 올리브오일을 두르고 다진 양파를 넣고 볶다가 썰어둔 햄을 넣어 함께 볶는다. 3 양파가 익으면 볼로냐소스를 부어서 약한 불에 끓여준다. 4 스파게티 면을 건져, 면수를 반 국자 넣고, 소스에 후다닥 버무려준다. 5 치즈가루와 파슬리가루를 뿌려 낸다.

TIP 스파게티 소스는 종류별로 마트에서 구할 수 있으니, 다양하게 활용해보세요. 햄 대신 베이컨도 좋아요.

순식간에 강된장, 강된장 참치쌈밥

재료 강된장 1봉지, 두부 1/2모, 참치캔 1, 소금, 식초, 설탕, 깨, 상추(혹은 쌈채소)

1 두부는 칼등으로 으깨어놓고, 참치는 기름을 빼고 준비해둔다. 2 냄비에 강된장을 넣고, 물을 적당히 넣고 끓이다가 으깬 두부를 넣고 졸여준다. 3 소금, 설탕, 식초를 넣어 배합초를 만든다. 4 볼에 밥과 배합초, 깨를 넣고 잘 섞어준다. 5 배합초 섞은 밥을 동글동글 한입 크기로 모양을 만들어준다. 6 상추에 밥을 올려 접시에 세팅하고, 강된장과 참치를 곁들여 낸다.

1

4

5

TIP 판매하는 강된장은 건더기가 적고 국물이 많아서 두부를 넣어주었어요. 쌈밥을 만드는 동안 약불에서 졸이다가 밥이 완성되면 참치와 곁들여 내면 되죠.

계란 속 후리가케의 힘, 날치알 계란말이

재료 계란 속 후리가케 1봉지, 계란 3개, 소금, 우유 약간, 날치알 적당량, 식용유 약간

1 계란을 풀어 우유와 계란 속 후리가케 1봉지를 넣고 잘 젓다가 모자란 간을 소금으로 한다. 2 달군 팬에 식용유를 두르고 양념한 계란물을 붓는다. 3 계란물이 익기 전에 날치알을 적당량 넣어주고, 계란을 말아준다. 4 돌돌 만 계란을 팬의 한쪽으로 밀고, 남은 계란물을 마저 부어 계란말이를 해준다. 5 적당히 식혀 썰어낸다.

1

1-1

2

4

TIP 계란 속 후리가케는 간이 되어 있으므로 소금간을 미리 하지 마시고 꼭 간을 보세요. 계란말이할 때 계란 속에 채소나 해물 다져 넣는 것이 번거로울 때 간편해요.

날치알과 참치캔의 만남, 날치알 깻잎 쌈밥

재료 날치알 1팩, 참치캔 1, 밥 적당량, 깨, 소금, 설탕, 식초, 마요네즈, 와사비, 깻잎

1 깻잎은 깨끗이 씻어 물기를 제거하고, 참치는 기름을 빼고 준비해놓는다. 2 마요네즈에 와사비를 넣어 잘 섞어둔다. 취향에 따라 와사비 양을 조절한다. 3 배합초를 만들어 밥에 넣고, 깨를 함께 넣어 잘 섞어준다. 4 밥은 한 입 크기로 만들어둔다. 5 깻잎에 와사비마요네즈 소스를 넣고, 밥을 올려 접시에 세팅한다. 6 그 위에 참치와 날치알을 적당히 올려준다.

TIP 마요네즈 소스가 느끼하시다면, 쌈장이나 고추장도 괜찮아요.

삼각김밥 한 세트, 두 가지 삼각김밥

재료 삼각김밥 세트 1봉지, 밥 적당량, 소금, 깨, 참기름 약간, 다진 쇠고기, 다진 양파, 간장, 기름 적당량, 참치캔 1, 다진 양파, 마요네즈, 소금, 후추 적당량

1 밥에 소금, 참기름, 깨를 적당히 넣고 잘 섞어둔다. 2 쇠고기, 양파는 다져서 준비하고, 참치는 기름을 꼭 짜서 준비한다. 3 달군 팬에 기름을 두르고 양파를 볶다가 쇠고기, 후추를 넣어 함께 볶는다. 고기가 반쯤 익었을 때 간장을 약간 넣고 간을 해서 익혀준다. 4 참치와 양파, 마요네즈, 소금, 후추를 넣고 잘 버무려준다. 5 삼각김밥 세트 안에 있는 김밥틀을 끼워서 모양을 만들고, 비닐에 싸여 있는 김을 한 장 놓고 그 위에 틀을 놓아 준비한다. 6 양념한 밥을 틀의 1/3 정도 잘 펴서 넣어주고, 쇠고기 볶은 것이나 참치 속을 취향에 따라 넣고, 다시 밥을 올려 꼭꼭 눌러 모양을 잡아준다. 7 틀을 빼내고, 김을 반으로 접고 밥 모양에 따라 잘 싸준 뒤, 스티커를 붙여 떨어지지 않게 마무리해준다.

TIP 가족들이 좋아하는 재료들로 김밥 속을 준비해 보세요. 삼각김밥세트에 김밥틀까지 있으니 편리해요.

불고기 꼬마김밥

재료 불고기 꼬마김밥세트 1봉지, 밥 적당량, 소금, 참기름, 깨 약간, 맛살 3줄, 다진 쇠고기 볶음 1줌

1 김밥세트에 없는 맛살과 다진 쇠고기를 볶아준다. 2 밥에 소금, 참기름, 깨를 넣어 간을 한다. 3 김발에 김을 놓고 속재료를 골고루 넣는 뒤 말아준다.

밥 싸먹는 햄의 변신, 햄초밥

재료 밥에 싸먹는 햄 1봉지, 밥 적당량, 검은 깨, 소금, 설탕, 식초, 케첩

1 밥에 배합초와 검은 깨를 넣고 잘 섞어, 한입 크기로 동글동글 만들어 준비한다. 2 햄을 프라이팬에 살짝 한 번 구워 준비한다. 3 모양을 만들어준 밥을 접시에 담고, 그 위에 토마토 케첩을 조금씩 짜준다. 4 구워둔 햄으로 밥을 하나씩 감싸준다.

TIP 햄은 그냥 먹어도 되지만 찜찜해서 한 번 구워주었어요. 뜨거운 물에 살짝 데쳐도 좋습니다. 색을 내주려고 검은 깨를 넣었지만 없으면 빼도 되고, 통깨를 넣어도 됩니다.

샌드위치의 기본, 햄에그 샌드위치

빵으로 대신하는 한 끼 식사로 샌드위치가 참 좋아요. 맛도 있고, 포만감도 있어서, 눈도, 입도 호사하는 메뉴죠. 햄과 계란을 넣은 샌드위치의 기본. 맛도 기본은 해줘요.

재료 식빵 4장, 슬라이스 햄 2장, 슬라이스 치즈 2장, 양상추 적당량, 계란 3개, 소금, 후추, 마요네즈, 버터 적당량

1 계란은 삶아서 으깨고, 소금, 후추, 마요네즈를 넣어 버무린다. 2 식빵은 모서리 부분을 잘라서 준비한다. 3 식빵에 버터를 바르고, 햄, 치즈를 올린 뒤, 계란 버무리를 올려 잘 펴준다. 4 계란 위에 양상추를 올리고, 식빵을 올린다. 5 샌드위치 위에 무거운 것을 올려 잠깐 눌러준 뒤, 먹기 좋은 크기로 잘라낸다.

TIP 다른 재료 없이 계란마요네즈 버무리만 넣어도 맛있어요.

영양을 챙겨요, 호밀빵 참치샌드위치

야외에서 활동하다 보면 기운 잃기 쉽죠. 입맛도 잃고 나른할 땐 호밀빵 참치샌드위치를 만들어 보세요. 호밀빵에 참치까지, 건강을 생각했어요. 캠핑장에서 잊지 말아요, 우리의 건강.

재료 호밀식빵 4장, 참치캔 1개, 다진 양파 2큰술, 마요네즈, 소금, 후추 적당량, 슬라이스 치즈 2장, 양상추 적당량

1 참치는 기름을 빼고 꼭 짜서 준비한다. 2 참치와 다진 양파, 마요네즈, 소금, 후추를 적당히 넣어 버무린다. 3 식빵은 모서리를 잘라 준비한다. 4 식빵 위에 버터를 바르고, 치즈를 깔아준 뒤, 참치 버무리를 올린다. 5 그 위에 양상추를 적당히 깔고, 식빵을 한 장 올린다. 6 잠시 눌러준 뒤, 적당한 크기로 자른다.

TIP 참치는 마요네즈에 버무리면 느끼할 수 있으므로 양파를 조금 다져서 넣어주면 훨씬 개운하고 맛있어요.

단호박과 견과류의 만남,

단호박 견과류 샌드위치

단호박은 캠핑장에서 활용하기 좋은 채소 중 하나죠. 그릴이나 더치오븐에 구워 먹어도 좋고, 로스트치킨에 곁들이는 채소로도 안성맞춤이죠. 아이가 있을 땐 호박죽도 끓일 수 있구요. 남은 단호박이 걱정이라면 견과류를 약간 넣어 샌드위치를 만들어보세요. 달근한 호박의 맛이 입맛을 당기게 해준답니다.

재료 식빵 4장, 단호박 1/2통, 건포도, 각종 견과류 적당량, 마요네즈, 소금 약간

1 단호박은 속을 파내고 적당한 크기로 썰어 해바리기 찜기에 올리고 찐다. 2 쪄낸 단호박을 으깨고 건포도와 다진 견과류, 마요네즈, 소금을 넣어 잘 섞는다. 3 식빵은 모서리를 자르고, 단호박 버무리를 넣어 식빵 한 장을 덮어준다. 4 잠시 눌러준 뒤, 적당한 크기로 잘라낸다.

너, 샌드위치 맞아? 바게트 샌드위치

바게트 속을 파냈다 채웠다, 만들다 보니 참 재미있는 샌드위치가 되었네요. 가지런히 썰어놓고 보니, '너, 샌드위치 맞아?' 하는 생각이 들었어요. 속을 파내지 않고 바게트를 썰어 두 장을 겹쳐 속을 채워보세요. 모양이 다른 또 다른 바게트 샌드위치가 된답니다.

재료 바게트 1개, 계란 1개, 햄, 당근, 치즈, 피클, 마요네즈, 소금, 후추 적당량

1 바게트는 반으로 잘라 속을 파내 준비한다. 2 계란은 삶아서 으깨고, 햄, 당근, 치즈, 피클은 다져서 준비한다. 3 2의 재료들을 한데 넣고, 마요네즈, 소금, 후추로 버무린다. 4 바게트에 버무린 속재료를 채워 넣고, 적당한 크기로 잘라낸다.

TIP 시간이 지나 딱딱해진 바게트는 적당한 크기로 잘라 계란과 우유를 섞은 계란물을 입혀 팬에 구워주세요. 바게트 프렌치 토스트가 됩니다.

CAMPING!

4장. 캠핑장 어디가 좋을까요?

오토캠핑 열풍이 불면서 정말 많은 캠핑장이 생겨났다.
많고 많은 캠핑장 중 어디를 가야 할까?
가족이 단란하게 즐길 만한 시설 좋고
주변 여행지가 쏠쏠한 캠핑장을 소개한다.

가평 자라섬 오토캠핑장 | 남해 보물섬 캠핑장 | 동해 망상오토캠핑장
영월 솔밭 오토캠핑장 | 충주 밤별캠핑장 | 춘천 중도캠핑장
경기 파주 반디캠핑장 | 강원 고성 송지호 오토캠핑장 | 경기 포천 유식물원 캠핑장
경기 화성 해솔마을 | 경남 고성 상족암 오토캠핑장 | 충남 서천 희리산 자연휴양림
충남 태안 몽산포 오토캠핑장 | 전북 무주 덕유대야영장
전북 장수 방화동가족휴양촌 | 전남 해남 땅끝 오토캠핑 리조트

C A M P I N G

가벼운 마음으로 다녀올 수 있는 캠핑장

가평 자라섬 오토캠핑장

경기도 가평군 가평읍 달전리1-1 / 031-580-2500 / www.jarasumworld.net
캠핑장 1만~1만5,000원, 카라반 사이트 2만~2,5000 / 전기는 캐러밴 사이트에서만 사용 가능 / 매점 있음

2008년 세계캠핑캐러배닝대회가 열렸던 곳으로 세계에 내놔도 손색없는 수준급의 시설을 자랑한다. 캠핑장은 2개 구역으로 나뉜다. 1구역은 오토캠핑과 캐러밴 사이트, 2구역은 캐러밴 사이트와 캐러밴, 모빌홈으로 꾸며져 있다. 오토캠핑장에는 나무 데크가 설치되어 있어 타프와 대형 텐트를 동시에 칠 때는 적합한 조합을 미리 구상해야 한다. 전기를 사용하려면 캐러밴 사이트를 이용해야 한다는 것을 알아두자. 사이트마다 배전판이 설치되어 있다.

자라섬 오토캠핑장의 최대 문제는 그늘이다. 식재한 나무들이 어려서 자연적인 그늘을 기대할 수 없다. 개방성이 강한 타프를 반드시 가져가야 낭패를 보지 않는다. 애완동물 출입이 가능해 반려견과 함께 캠핑 오는 가족들의 모습도 볼 수 있다. 북한강 근교에 위치해 있

어 수상스키 등 각종 수상 레포츠를 즐길 수 있으며 서울에서 자동차로 약 1시간 30분밖에 걸리지 않아 가벼운 마음으로 캠핑을 다녀올 수 있다는 것도 장점이다.

주변 여행지

쁘띠 프랑스 프랑스 전원마을을 그대로 재현해 놓았다. 꼭 둘러봐야 할 곳은 생텍쥐페리기념관이다. 생텍쥐페리의 탄생과 성장기, 그리고 죽음까지 일대기를 다양한 사진과 이야기로 설명한 것은 물론 『어린 왕자』, 『야간 비행』 등 작품해설과 뒷얘기가 잘 정리돼 있다. 여기에 전시된 어린왕자를 펜으로 그린 스케치, 소혹성에 앉은 어린왕자에 채색까지 한 그림은 1946년 프랑스에서 발간된 원본이다. 세계에서도 몇 점 없는 작품이어서 눈길이 간다. 프랑스전통주택관에도 들러보자. 150년 전 프랑스 고택을 그대로 재현했다. 의자, 침대, 욕조 등 가구뿐 아니라 기둥, 기와, 바닥, 창까지 프랑스에서 공수했다. 쁘띠프랑스는 드라마 〈베토벤 바이러스〉의 무대가 되었던 곳이기도 하다. 강마에 작업실, 악단 연습실, 두루미(이지아)와 강건우(장근석)의 첫 키스 등 많은 신이 이곳에서 촬영됐다. 지금도 강마에 작업실에는 드라마에서 연기자들이 만지고 앉았던 가구와 소품들이 고스란히 있다. (031-584-8200)

아침고요수목원 가평 축령산 자락에 자리하고 있다. 삼육대 원예학과 한상경 교수가 만들었다. 10만여 평에 달하는 부지에 침엽수정원과 능수정원, 락가든, 분재정원, 허브정원, 아이리스정원, 단풍정원, 매화정원, 한국정원 등 19개의 주제정원이 만들어져 있다. 아침고요수목원의 특징은 수목원 내에 곧게 뻗은 길이 없다는 것. 좌우로 굽어 있거나 오르락내리락 언덕길이어서 때로는 정원이 내려다보이기도 하고, 때로는 올려다 보이기도 한다. 넓지 않은 공간이지만 서 있는 위치에 따라 수목원은 다양한 표정을 짓는다. 느릿느릿 맑은 공기를 즐기며 걷다 보면 어느새 몸과 마음이 상쾌해지는 것 같다. (1544-6703)

호명호수 남한의 천지(天池)라는 별명을 갖고 있을 정도로 주변 풍경과 어우러져 아름답다. 호수 주변을 한 바퀴 도는 1코스(1.6km)와 들꽃정원, 전망대를 돌아오는 2코스(2.4km). 전망대, 천상원, 홍보관으로 이어지는 3코스(3.8km)가 있는데 어느 코스를 걸어도 손때 묻지 않은 싱그러운 기운을 느끼며 걷기를 즐길 수 있다. '호명정(虎鳴亭)'이라 이름 붙여진 전망대에서 바라보는 경치가 압권. 전망대에 서면 명지산, 유명산, 북한강, 홍천강 등이 한눈에 내려다보여 장관을 이룬다.

청평호반 드라이브 가평의 청평댐에서 남이섬까지 북한강을 따라 달리는 24km 길이의 청평호반길은 수도권 최고의 드라이브코스이자 수상레포츠를 즐길 수 있는 명소로 꼽힌다. 이곳에 자리한 수상레포츠 업체는 모두 250여 곳. 북한강 상류에 속해 오염원이 없고 병풍처럼 둘러싼 높은 산자락이 바람을 막아 수면이 호수처럼 잔잔하다. 때문에 초보자도 손쉽게 수상스키를 배울 수 있다. 수상스키가 부담스럽다면 바나나보트를 타고 물놀이를 즐겨도 좋다.

주변 맛집

가평은 서울과 가까운 관계로 특별한 지역 음식은 별로 없다. 대신 북한강을 끼고 있으니 당연히 매운탕이 발달했고 관광객이 상시 오가는 경춘가도에도 맛집들이 제법 된다. 쁘띠 프랑스가 있는 청평면에서 강을 사이에 두고 있는 설악면 강변에 매운탕 집들이 몰려 있다.

C A M P I N G

캠핑도 즐기고 신나는 해양 레포츠도 즐기고

남해 보물섬 캠핑장

경상남도 남해군 선구리 1060-1 / 010-6595-0619, 055-864-7367 / www.namhae.kr
성수기 3만 원, 비수기 2만5,000원 / 전기사용 가능 / 간이매점 있음

남면 선구리, 사촌해수욕장과 가까운 곳에 자리 잡고 있어 물놀이를 즐기기에도 좋다. 폐교를 개조하여 캠핑장으로 조성했는데, 사이트에는 잔디가 깔려 있어 캠퍼들이 꿈꾸던 잔디캠핑을 즐길 수 있다. 바닥이 평평한데다 푹신해 아이들이 뛰어놀기에도 더할 나위 없이 좋다. 설치할 수 있는 텐트의 수는 약 40동. 캠핑장 입구의 주차구역에 따로 주차를 한 후 텐트 사이트로 장비를 이동해야 한다. 사이트가 구획되어 있지 않기 때문에 한적한 때라면 원하는 모양으로 사이트를 꾸릴 수 있다.

부대시설도 부족하지 않게 갖춰져 있다. 취사장과 화장실 등이 옛 학교시설의 일부로 고스란히 남아 있다. 화장실 관리도 깨끗하게 잘 되어 있으며 취사장에는 가스렌지가 설치되어 있어 캠퍼라면 누구나 사용할 수 있다.

텐트는 없지만 캠핑을 해보고 싶은 이들을 위해 방갈로와 캐빈도 운영하고 있다. 텐트구역 앞에 원룸식 방갈로 구역이 따로 마련되어 있는데, 캠핑이 다소 어려울 수 있는 유아를 동반한 캠퍼들은 대여해 사용해볼 만하다. 세미나를 할 수 있는 넓은 강당도 마련되어 있어 기업체 연수나 세미나, 멤버십 트레이닝도 가능하다.

주변 여행지

금산 보리암 양양 낙산사, 강화 보문사와 함께 우리나라 3대 기도도량으로 알려진 곳이다. 암봉으로 이뤄진 금산의 9부 능선에 위치해 있는데, 보리암에서 바라보는 한려수도의 시원스런 경치가 가히 절경이다. 금산의 원래 이름은 보광산(普光山)이었으나 이성계가 이 산에 와서 기도를 한 뒤 왕위에 오르자, 산 전체를 비단으로 덮겠다는 약속을 지키기 위해 산 이름을 금산(錦山)으로 바꿨다고 한다.

가천 다랭이마을 남해의 남면 가장 끄트머리에 자리 잡은 다랭이마을은 108계단의 다랭이 논으로 이루어진 곳이다. 산비탈을 따라 680여 개의 논배미(논두렁으로 둘러싸인 논 하나하나의 구역)들이 이어진다. 선조들이 산간지역에서 벼농사를 짓기 위해 산비탈을 깎아 만든 것이 다랭이 논인데 밭 갈던 소도 한눈을 팔면 가파른 절벽 아래로 떨어진다는 얘기가 있을 정도로 규모가 작다. 마을 어귀에는 암수바위라고 불리는 한 쌍의 바위가 있다. 남성과 여성을 상징하는 것처럼 보이는데 아이를 못 낳는 여자가 이 바위를 보고 빌면 아들을 낳는다는 전설이 있다.

물미해안도로 남해는 섬 전체가 빼어난 해안드라이브 코스지만 특히 삼동면 지족에서 시작해 동남쪽 해안을 따라 내려가며 물건리에서 미조항에 이르는 코스가 이름 높다. '물미해안도로'라고 불리는 이 길은 급한 커브길이나 높은 고갯길이 없어 드라이브하기에 적당하다. 도로를 따라 이어지는 은점, 대지포, 노구, 항도, 초전 등의 갯마을은 그림처럼 아름답다.

원예예술촌 일본, 프랑스, 영국 등 20여 개국의 정원을 모아놓은 곳이다. 예쁜 정원과 아기자기한 전원주택을 구경하며 산책을 즐길 수 있어 연인들의 데이트코스로 인기가 높다. 남해의 특산물인 유자와 흑마늘을 이용해 수제 초콜릿 만들기 체험도 해볼 수 있어 가족여행객이라면 한 번쯤 들러도 좋을 듯하다. (055-867-4702)

두모마을 카약체험 금산 남서쪽 자락에 자리한 상주면 양아리 두모마을은 70가구가 사는 작은 마을. 씨카약을 즐길 수 있다. 카약은 30분~1시간 정도의 교육을 받으면 초등학생 이상이면 누구나 즐길 수 있는 쉬운 레포츠다. 시원한 바닷바람을 맞으며 노를 젓다 보면 스트레스가 말끔히 사라지는 느낌이다. 두모마을에서 카약을 타고 노도까지 갈 수도 있다. 20~30분 정도 걸린다. 노도는 조선 중기의 소설가 서포 김만중이 3년간 유배생활 뒤 생을 마친 곳이다. (010-9856-1244)

주변 맛집

남해의 대표 먹을거리는 멸치회와 쌈밥. 집산 포구인 미조항 주변에 많다. 우리식당(055-867-0074), 단골식당(055-867-4673). 은성쌈밥(055-867-0012) 등이 유명하다. 미조항에 있는 촌놈횟집(055-867-4977)은 1박2일 팀이 찾은 곳으로 유명하다.

C A M P I N G

바닷가에서 즐기는 낭만캠핑

동해 망상오토캠핑장

강원도 동해시 망상동 393-39 / 033-534-3110 / www.campingkorea.or.kr
야영료 2만2,000~3만3,000원 / 전기사용 가능 / 매점 있음

국내 최초의 자동차전용 캠프장으로 망상해수욕장 내에 위치하고 있다. 오토캠프장을 비롯해 캐러밴(캠핑카), 캐빈하우스(통나무집), 아메리칸코테지(목조연립형주택) 등 다양한 종류의 숙박시설이 있다. 적은 수의 가족이나 연인은 하룻밤쯤 캐러밴에서 묵어보는 것도 이색적인 경험을 할 수 있는 좋은 방법이다. 단체나 대가족은 캐빈하우스나 아메리칸코테지가 알맞다.

망상오토캠핑장은 이국적인 풍광을 자랑한다. 마치 지중해의 어느 해변에서 캠핑을 즐기는 듯한 기분을 느낄 수 있다. 캠핑장 바로 앞에는 캠핑장 이용객만 들어갈 수 있는 해변이 따로 만들어져 있어 한가로운 해수욕을 즐길 수 있다.

망상 오토캠핑장은 시설 면에서는 최고를 자랑한다. 하지만 그만큼 찾는 사람이 많다는

것도 염두에 두어야 한다. 매월 초에 예약자를 받는데 서두르지 않으면 사이트를 구할 수 없다. 예약은 필수다. 텐트를 칠 수 있는 캠핑장 구역이 좁다는 것도 알아두자. 10대 정도 사이트를 꾸밀 수 있다. 주말의 경우 자리 잡기가 치열할 듯. 일찍 서두르는 것이 좋을 듯하다.

주변 여행지

무릉계곡 트레킹 청옥산(1,404m)과 두타산(1,353m) 자락에 자리한다. 기묘한 바위들이 계곡을 이루며 흘러내리고, 그 계곡에 폭포와 크고 작은 소들이 수없이 놓인 바위골짜기다. 무릉반석과 삼화사, 학소대를 지나며 가벼운 트레킹을 즐길 수 있다. 무릉계곡의 최고 절경은 쌍폭이다. 두 개의 폭포가 한 소에서 만난다. 왼쪽 폭포는 계단처럼 층층진 바위를 타고 물이 흘러내리고 오른쪽 폭포는 한 번에 급전직하. 왜 무릉계곡인지 고개가 끄덕여진다.

묵호항과 묵호등대 묵호항은 동해에서 항구의 정취를 가장 잘 만끽할 수 있는 곳이다. 경매에 열을 올리는 경매사들과 동해시 횟집에서 나온 상인들로 북적인다. 포구 한쪽에는 어시장도 마련되어 있어 싱싱한 해산물을 저렴한 가격에 구입할 수 있다. 묵호항 뒤편 산등성이 쪽으로 고개를 돌리면 붉고 푸른 지붕을 얹은 집들이 다닥다닥 붙어 있는 것이 보인다. 묵호항에서 이 마을까지 '등대오름길'이라는 예쁜 길이 이어진다. 길 끝에 묵호등대가 서 있어 이런 이름이 붙었다. 길을 따라가다 보면 옛 묵호항의 정취와 마을의 풍경을 추억하는 벽화들을 만날 수 있다. 출항하는 오징어 배, 해풍에 말라가는 오징어, 대폿집과 이발소, 구멍가게 등의 벽화들이 마음 한쪽을 짠하게 만든다. 묵호등대는 영화 〈미워도 다시 한 번〉의 촬영지기도 하다.

추암 해변 TV에서 애국가가 울려퍼질 때 이글거리며 솟아오르던 붉은 햇덩이를 기억하시리라. 이 장엄한 일출을 촬영한 곳이 바로 추암해수욕장이다. 해변 왼편에는 갖가지 형상의 기암괴석이 늘어서 있는데 그중 절묘하게 생긴 바위 하나가 하늘을 찌를 듯이 솟아 있다. 이 바위가 '촛대바위'다. 바위틈으로 불쑥 솟아오르는 일출은 가슴을 뜨겁게 달아오르게 만든다. 바위에 부딪히는 추암의 파도 소리는 한국의 100대 명소리로 선정되어 있다.

천곡동굴 어달리해안을 따라 추암해수욕장 방면으로 15분여 가면 국내에서 유일하게 도심 한가운데 있는 천곡동굴을 만나게 된다. 자연의 신비함이 그대로 살아 숨쉬는 동굴이다. 총길이 1400m의 석회암 수평동굴로 생성 시기는 약 4억~5억 년 전. 국내 최장의 천장용식구, 커튼형 종유석, 석회화 단구, 종유폭포 등과 희귀석들이 한데 어우러져 있다. (033-532-7303)

주변 맛집

부흥횟집(033-534-7306)의 물회와 곰치국이 유명하다. 양념과 각종 야채를 넣어 버무린 생선회에 시원한 얼음물을 부어 먹는 맛은 새콤달콤하면서도 얼큰해 해장용으로도 그만이다. 곰치는 아구와 비슷하게 생겼는데 육질이 담백하고 연해 수저로 떠서 먹는 유일한 생선이다. 입에서 살살 녹아내리는 맛이 일품이다. 회무침이나 찜으로도 먹는데 제대로 먹으려면 국이 제격이다. 묵호항과 어달리 사이의 약 2km에 걸쳐 횟집거리가 만들어져 있다.

C A M P I N G

텐트 속으로 밀려드는 싱그러운 솔내음

영월 솔밭 오토캠핑장

강원도 영월군 수주면 법흥 1리 665 / 033-374-9659 / www.solbatcamp.co.kr
성수기 3만 원, 비수기 2만 원 / 전기사용 가능 / 간이매점 있음

강원도 영월 법흥사 계곡에 자리한 솔밭캠프장은 캠퍼들이 최고로 꼽는 캠핑장 가운데 한 곳이다. 4000여 평의 면적 전체가 50년 이상 된 소나무로 울창하다. 캠핑장 앞으로는 맑은 법흥계곡이 흐른다. 법흥계곡 물에는 1급수 맑은 물에만 서식한다는 열목어도 어렵지 않게 찾아볼 수 있다. 화장실과 취사장, 샤워장 등의 부대시설도 잘 갖춰져 있으며 캠핑장 내에는 매점이 있어 캠핑에 필요한 간단한 부식거리와 음료, 장작 등도 구입할 수 있다.

솔밭캠프장의 사이트는 별도로 구분되어 있지 않아 자신이 원하는 곳에다 치면 된다. 캠핑장이 워낙 넓기 때문에 텐트와 타프를 원하는 모양으로 꾸릴 수 있다. 아름드리 소나무가 따가운 햇빛을 피할 수 있게 해주고 바람결에 스치는 솔향기도 몸과 마음을 상쾌하게 해준다. 마사토가 깔린 바닥은 배수가 잘되는 까닭에 따로 배수구를 파지 않아도 된다.

주변 여행지

법흥사 캠핑장에서 10분 거리다. 법흥사는 선덕여왕 12년(643) 자장율사가 당나라에서 가져온 부처의 진신사리를 봉안하기 위해 만든 사찰로 설악산 봉정암, 오대산 상원사, 영취산 통도사, 태백산 정암사와 함께 부처의 진신사리를 모신 국내 5대 적멸보궁의 하나이기도 하다. (033-374-9177)

선암마을 한반도 지형 영월하면 가장 먼저 떠오르는 곳이 선암마을의 한반도 지형이다. 영월시내에서 20분 거리에 있다. 서강의 침식과 퇴적이 되풀이되면서 만들어졌는데, 한반도 동쪽의 급경사와 서쪽의 완만함, 백두대간을 연상케 하는 빽빽한 소나무, 땅끝 해남마을과 포항 호미곶 등이 절묘하게 배치된 모습이 마치 하늘에서 한반도를 내려다보듯 꼭 닮아 있다.

선돌 선암마을에서 영월 방향으로 조금 더 가 소나기재에 차를 대면 선돌이다. 절벽이 반으로 쪼개져 두 개로 나뉘어 있다. 벼락을 맞은 것 같기도 하다. 쪼개진 절벽과 크게 휘돌아가는 강, 강 자락에 일구어놓은 밭이 어우러져 평화로운 풍경을 만들어낸다. 선돌이란 이름은 돌의 모양이 마치 신선처럼 보였다는 데서 유래했다고 하는데 푸른 강과 층암절벽이 어우러진 모습이 마냥 신비로워 신선암(神仙岩)으로도 불린다. 선돌을 바라보며 소원을 빌면 한 가지 소원이 꼭 이뤄진다는 전설도 전해진다.

요선암 영월 초입, 가장 먼저 만나는 강이 주천강이다. '주천(酒泉)'이란 이름은 인근에 '술이 솟는 샘'이 있었다고 해서 붙여진 이름. 주천강이 보여주는 풍경 중에서도 가장 으뜸이 요선암이다. 요선암은 강바닥에 있는 거대한 바윗덩어리인데 기묘하다고밖에 할 수 없다. 미륵암이라는 작은 암자 앞마당에서 돌계단을 따라 강가로 내려가면 거대한 암반지대를 만난다. 사과를 깎듯 돌려 깎은 바위며 요강 같은 구멍이 난 바위 등 하나같이 수많은 시간과 물살이 만들어낸 작품이다. 조선 중기의 명필 양사헌은 이곳 경치에 반해 '신선이 놀고 간 자리'라는 뜻의 요선암이란 이름을 붙였다. 미륵암 뒤편으로 5분가량 솔숲을 오르면 요선정이란 정자와 고려 때 세운 마애불, 자그마한 불탑을 만날 수 있다.

장릉 조선 역사상 가장 불행했던 임금으로 꼽히는 비운의 왕 단종의 능이다. 조선 임금 중 유일하게 강원도에 있는 능이다. 장릉 주변의 소나무들이 능을 향해 허리를 굽힌 모습이 이채롭다. (031-904-2897)

마차리 탄광문화촌 등 영월에는 곤충박물관이며 책박물관, 조선민화박물관 등 박물관이 많다. 북면 마차리에 자리한 탄광문화촌은 1960~70년대 영월광업소가 있던 탄광촌 마을 풍경을 그대로 재현한 곳. 광부들이 탁주 한 사발로 피로를 푸는 주점과 이발관, 양조장, 배급소와 버스정류장 등 그 시절 그 모습이 보는 이의 마음을 아리게도 훈훈하게도 한다. 베어가 곰인형 박물관에는 테디베어 전문 작가인 고현주 씨 등 국내외 작가 30명의 수제 곰인형 작품 500여 점이 전시돼 있다.

주변 맛집

주천면에 자리한 '다하누촌'은 한우를 판매하는 '먹을거리 테마촌'. 정육점에서 원하는 부위의 한우를 구입한 후 인근 지정 식당에서 상차림비(1인당 3천 원)를 내고 구워 먹으면 된다. 주천면 주천묵집(033-372-3800)은 메밀과 도토리로 만든 묵밥이 맛있다.

C A M P I N G

천문대 체험도 즐기고 캠핑도 즐기고

충주 밤별캠핑장

충청북도 충주시 앙성면 모점리 169 / 010-5462-1171 / www.bambyul.co.kr / 2만 8,000원

전기사용 가능 / 간이매점 있음 / 무선인터넷 가능

충청북도 충주시 앙성면에 자리한 밤별캠핑장은 규모와 시설 면에서 정상급을 자랑한다. 수도권에서 가깝다는 것도 장점. 동서울 IC에서 80km 정도밖에 떨어져 있지 않다.

밤별캠핑장은 규모가 상당하다. A구역에서 E구역까지 다섯 구역으로 나뉘어 있으며 약 100동 가까이 텐트를 설치할 수 있다. 계단식으로 조성되어 있는데다 각 구역마다 특색이 있어 자신의 캠핑 스타일에 따라 자리를 골라잡는 재미가 있다. 캠핑장에는 통나무와 황토로 지은 민박집도 마련되어 있다. 민박집은 B구역, C구역과 가까운데, 텐트에서 재우기 힘든 어린아이를 데리고 캠핑을 떠나온 캠퍼들이 이용하면 좋다.

밤별캠핑장은 밤으로 유명하다. 매점에서는 주인이 직접 딴 유기농밤을 저렴한 가격에 구입할 수 있다. 밤별캠핑장이 들어선 자리는 원래 밤나무 과수원이었다. 현재 캠핑장 주위

에 있는 나무도 전부 밤나무다. 밤별이라는 이름도 밤나무밭에서 유래했다. 밤나무밭 사이사이 벌레가 끼지 못하게 등을 켜놓는데, 캠핑장을 만든 후에도 이 등들을 없애지 않았다. 밤이면 산자락에 설치해놓은 등마다 불이 들어오는데, 그 모습이 마치 밤하늘의 별처럼 빛이 나서 밤별이란 호칭이 붙었다고 한다.

주변 여행지

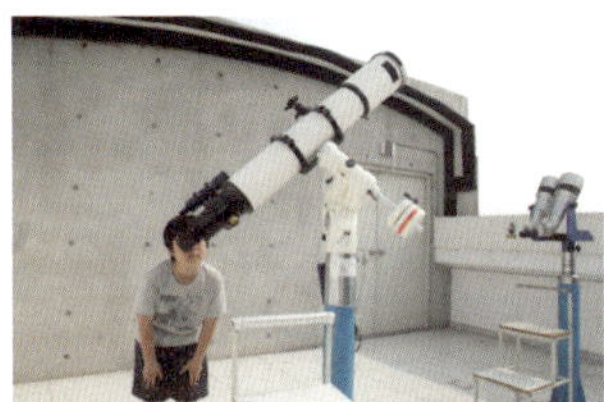

충주고구려천문과학관 지난 2008년 4월에 일반 시민을 위해 문을 연 천체관측소다. 1층에는 전시실과 시청각실, 천체투영실이 있고, 2층에는 주관측실과 보조관측실이 있다. 천체투영실에서는 별자리 체험도 할 수 있다. 의자를 뒤로 젖히고 누우면 천정에서 별자리들이 돌아간다. 가상의 별자리와 행성, 별의 운행에 대한 천문대 연구원의 재미있는 설명도 곁들여져 시간 가는 줄 모른다. 2층 주관측실에는 구경 60cm 고성능 크레티양식 반사 망원경이 설치되어 있다. 낮에는 태양의 홍염을, 밤에는 별과 행성, 달, 성운, 성단 등을 관측할 수 있다. 반사 망원경은 연구 목적으로 사용될 만큼 성능이 뛰어나 일반인이 천체를 관측하는데 쉽다. (043-842-3247)

중앙탑 천문과학관에서 시내 쪽으로 5분 거리에 중앙탑이 있다. 현재 남아 있는 신라시대 석탑 중 가장 규모가 크고 높은 탑이다. 9세기경에 건립된 것으로 추정한다. 정식 명칭은 중원 탑평리 7층 석탑이지만 국토 중앙에 있다 하여 중앙탑이라는 애칭으로 불린다. 국보 제6호로 지정되었다.

충주자연생태체험관 동량면 용교리에 자리한 충주자연생태체험관도 놓치기 아까운 코스다. 지하 1층 지상 2층 규모로 생태전시실, 산책로, 옥상공원, 벽천 등의 시설을 갖추고 있다. 곤충을 비롯한 자연생태에 대해 다양한 방식을 통해 재미있게 설명하고 있어 아이들이 좋아한다. 3층에는 나무로 곤충을 만들어 볼 수 있는 체험장도 있는데 아이들이 그냥 지나치지 못한다. (043-856-3620)

앙성온천 캠핑으로 쌓인 피로도 풀 겸 충주여행은 온천으로 갈무리하자. 캠핑장에서 앙성온천이 가깝다. 국내에서도 드문 탄산 온천이다. 보통 섭씨 40도가 넘어가는 일반 온천수와 달리 온도가 섭씨 26~30도로 낮은 편이다. 탕 안에 2분 정도 앉아 있으면 몸에 기포가 달라붙기 시작한다.

주변 맛집

중앙탑오리집(043-857-5292)의 오리백숙이, 운정식당(043-847-2820)의 올갱이 해장국이 유명하다.

C A M P I N G

강바람 맞으며 즐기는 섬에서의 하루

춘천 중도캠핑장

강원도 춘천시 중도동 603 / 033-242-4881 / http://www.gangwondotour.com
입장료 1,300원, 야영료 3,000원, 주차료 2,000원 / 전기 사용 가능 / 간이매점 있음

1989년 문을 연 캠핑장은 최근 몇 년 사이 오토캠핑 열풍이 불면서 섬에서의 낭만캠핑을 경험해보려는 캠퍼들에게 엄청난 인기를 얻고 있다. 캠핑장은 섬 남쪽면의 관광지 속에 자리하는데, 규모로 따지자면 국내 최대 규모다. 최근에 열린 캠핑대회에는 무려 800여 팀이 참가하기도 했다. 드넓은 잔디밭과 아름드리 플라타너스 나무가 어울린 캠핑장은 외국의 캠핑장 부럽지 않은 풍광을 자랑한다.

캠핑장은 3개 야영장으로 나뉜다. 사이트는 별도로 구분되이 있지 않다. 자신이 원하는 곳에다 치면 된다. 잔디밭이 워낙 넓기 때문에 텐트와 타프를 원하는 모양으로 꾸릴 수 있다. 딱히 어느 곳이 베스트 사이트라고 말하기 어렵다. 취사장과 가깝고 나무 그늘 아래라면 어디나 괜찮을 듯싶다. 잔디가 고르게 깔린 곳이라면 더욱 좋을 듯. 독립된 공간을 만들고

싶은 캠퍼들에게는 순환로를 따라 사이트를 구축할 것을 권한다.

중도캠핑장의 가장 큰 매력은 다양한 즐길거리가 있다는 것. 축구장과 농구장, 족구장 등이 있으며 자전거를 탈 수도 있다. 소형 ATV 자전거는 아이들에게 인기가 좋다. 인라인 스케이트 등을 가져간다면 더욱 즐거운 시간을 보낼 수 있을 듯하다.

하지만 캠퍼들이 중도캠핑장을 찾은 가장 큰 이유는 중도캠핑장만이 간직한 정취 때문이다. 이른 아침 텐트를 나섰을 때 마주하는 우윳빛 안개와 저녁 무렵 호수를 붉게 물들이는 석양은 오직 중도캠핑장에서만 만날 수 있는 풍경이다. 모닥불을 피우고 안개 속에서 마시는 모닝커피 한 잔은 여느 고급 리조트 부럽지 않다.

주변 여행지

춘천 물레길 카누체험 의암호 주위를 캐나디안 카누를 타고 돌아본다. 송암 스포츠타운에서 시작해 붕어섬을 지나 중도로 이어지는 물레길 코스는 느리고 여유로운 카누의 매력을 제대로 즐길 수 있게 해준다. 카누는 배우기도 쉬워 30분 정도 노 젓는 법을 배우면 아이들도 쉽게 체험할 수 있다. (070-4150-9463)

막국수 체험박물관 춘천의 대표 요리인 막국수에 대해 알아보고 직접 만들어 볼 수 있다. 거대한 맷돌 모형이 있는 박물관 1층에서는 메밀의 생태와 효능, 유래와 분포 등을 알려준다. 또 전통적인 메밀 재배 방법과 현재의 제분, 반죽, 제면 방식도 보여준다. '막국수 만들기' 체험도 해볼 수 있는데, 메밀가루를 반죽해 면을 뽑고 삶아 식당에서 곧바로 시식해볼 수 있다. (033-243-8268)

애니메이션 박물관 국내 유일의 애니메이션 박물관으로 애니메이션에 관련된 모든 것을 한 자리에서 살펴볼 수 있다. 애니메이션의 역사와 원리, 제작 과정 등을 살펴볼 수 있으며 아트갤러리, 입체극장, 음향제작 체험실 등 다양한 체험도 즐길 수 있다. 세계 각국의 애니메이션이 어떻게 다른지를 살펴볼 수 있을 뿐만 아니라 〈황금박쥐〉, 〈로보트 태권 V〉 시리즈 등 추억의 만화영화 소품도 볼 수 있다. (033-245-6470)

망대골목과 중앙시장 일제강점기 시절, 야산 위에 세운 망대에서 유래한 이름이다. 화가 박수근(1914~1965)도 망대골목 주위에서 막노동을 하며 첫 개인전을 열고, 조각가 권진규(1922~1973) 역시 춘천고보 시절 5년간을 망대골목 주변에서 생활했다고 한다. 70년대 골목 풍경을 고스란히 간직하고 있다. 좁은 골목을 걸으며 옛 추억을 더듬을 수 있다. 망대시장에서 내려오면 중앙시장이다. 200여 개가 넘는 점포가 이어지는데, 시장의 뒷골목에 10여 점의 벽화와 설치미술 작품이 있는 '골목갤러리', 시장의 옛 물건들을 통해 지역의 역사를 돌아보는 시간을 가질 수 있는 '시장박물관' 등이 눈길을 끈다. 중앙시장에 자리한 '명동명물떡볶이'는 드라마 〈겨울연가〉 촬영지로 배용준이 라면을 먹었던 분식집이다. 일본인, 중국인이 반드시 찾는 명소이기도 하다. 모듬접시를 시키면 떡볶이, 순대, 만두, 튀김, 도너츠, 김밥, 어묵 등을 한 접시에 푸짐하게 담아준다.

소양호와 청평사 소양호에서 배를 타고 10분 정도를 가면 청평사 선착장에 닿는다. 고려 때인 973년에 세워진 이 천년고찰은 절도 절이지만 절까지 이르는 이 숲길이 여간 운치 있고 좋은 것이 아니다. 청평사 회전문은 상사뱀이 돌아나갔다고 해서 회전문이라고 한다는 이야기가 전해진다. 이름이 회전문이라 빙글빙글 돌아가는 회전문을 생각하겠지만 청평사 회전문은 '回轉門'이 아니라 '迴轉門'으로, 회전(迴轉)은 윤회전생(輪迴轉生)의 줄임말이다. (소양호 매표소 033-242-2455, 청평사 033-244-1095)

주변 맛집

샘밭막국수(033-242-1712), 남부막국수(033-254-7859), 유포리막국수(033-242-5168)가 춘천 3대 막국수로 불린다. 샘밭막국수는 소양호 가는 길에 있다. 최근 서울에 분점을 냈다. 역사가 40년에 이른다. 뚝뚝 끊기는 순도 높은 면과 곁들이는 육수(주전자에 담겨 나온다)의 조화가 우아하다. 춘천 남부시장 근처에 있는 '남부막국수'는 1977년 문을 연 집이다. 오래된 한옥집에서 먹는 운치가 있다. 유포리 막국수는 짭짤한 맛이 좋다. 면도 찰기가 적당하다.
우성닭갈비(033-254-0053), 1.5닭갈비(033-253-8635), 우미닭갈비(033-253-2428), 명동산골닭갈비(033-254-7042)가 춘천 4대 닭갈비집으로 꼽힌다. 우성닭갈비는 서울에서 맛보던 닭갈비와 달리 양념이 자극적이지 않다. 1.5닭갈비는 맛도 양도 1.5배라는 뜻. 둥근 철판에 양념 닭고기와 양배추, 떡, 고구마를 넣고 매콤하게 볶아준다. 우미닭갈비의 닭갈비는 큼직큼직한 닭고기가 부드럽고 배인 양념이 깔끔하면서도 깊은 맛이 있다. 명동산골닭갈비 역시 커다란 불판에 가득 담긴 닭갈비와 떡사리, 고구마, 양배추가 푸짐한 춘천 인심을 느끼게 한다.

C A M P I N G

메타세쿼이어 숲에서 즐기는 캠핑

경기 파주 반디캠핑장

경기도 파주시 광탄면 기산리 517-1번지 / 031-941-2121 / 홈페이지 없음 / 2만 원
전기사용 가능 / 매점 있음

캠핑장이 조성된 지 얼마 되지 않아 시설이 깔끔한데다 계속 업그레이드 되고 있어 캠퍼들에게 좋은 반응을 얻고 있다. 반디캠핑장에서 캠핑을 하려면 서두르는 것이 좋다. 서울에서 가까운 지리적 여건상 주말이면 수많은 캠퍼들로 붐빈다. 금요일 오후에 가야 괜찮은 자리를 잡을 수 있다. 바닥 상태는 좋은 편이다. 많은 비가 내려도 별 문제가 없을 정도다. 화장실과 취사장, 전기 시설 등 편의시설도 관리가 잘 되어 있다.

반디캠핑장이 매력적인 가장 큰 이유는 메타세쿼이아 숲 때문. 수령 20년이 넘은 커다란 메타세쿼이아 숲이 깊은 산 속에 들어온 것 같은 느낌을 들게 한다. 무선인터넷도 사용 가능하다. 도로 바로 옆에 캠핑장을 꾸몄기 때문에 다소 시끄러울 수도 있지만 취사장 반대편 벽 쪽에 텐트를 설치한다면 소음도 피할 수 있고 바람도 막을 수 있다. 캠핑장이 아담하기

때문에 취사장과 화장실을 다니는 데는 어느 사이트나 큰 불편이 없다. 초보 캠퍼들에게 추천하고 싶은 곳.

주변 여행지

보광사 우리나라에는 보광사라는 이름의 사찰이 많다. 창건 연대가 밝혀진 보광사 가운데 가장 오래된 고찰이 파주 고령산 기슭에 안겨 있는 보광사다. 894년(신라 진성여왕 8년) 왕명에 따라 도선국사가 비보사찰로 창건했다. 보광사 대웅전이 멋있다. 전통 목조건축 양식을 따르고 있다. 정교하고 화려하게 조각된 공포와 퇴색한 단청이 고풍스러운 멋을 풍긴다. 외벽도 흥미롭다. 다른 사찰과 달리 외벽을 흙벽이 아니라 목판으로 처리했는데 여기에 아름다운 민화풍의 벽화를 그려놓았다. 대웅보전(大雄寶殿) 편액은 영조의 친필로 알려져 있다. (031-948-7700)

용미리 석불 보광사 근처에 용미리 석불이 있다. 고려시대에 제작된 것으로 추정되는 석불(보물 제93호)로 천연암벽을 몸체로 하고 그 위에 목, 얼굴, 갓을 조각해 얹어놓았다. 두 구가 있는데 왼쪽은 미륵불이고 오른쪽은 미륵보살이란다. 미륵은 석가모니불의 뒤를 이어 56억7000만년 후에 도솔천으로부터 인간세계로 내려와 석가모니불이 미처 구제하지 못한 중생들을 구제할 미래의 부처다. 미륵불 곁에 서 있는 미륵보살의 합장이 간절하다. .

중남미문화원 30년 외교관 생활을 아르헨티나, 멕시코 등 중남미에서 주로 보낸 이복형 전 대사와 부인 홍갑표 여사가 '문화는 나눔이지 소유가 아니다'란 생각으로 설립했다. 아시아에서 유일한 중남미 복합 문화 공간이기도 한데, 5000평의 대지에 박물관, 미술관, 야외전시장, 휴게소, 기념품점 등을 갖추고 있다. 먼저 들러야 할 곳은 박물관. 붉은 벽돌로 지은 박물관 외관은 마치 성채를 축소시킨 듯 고풍스럽다. BC 100년부터 기원후 1400년까지 제작된 다양한 인디오 토기들이 전시되어 있는데 세련되지는 않았지만 소박한 멋이 은근한 매력을 풍긴다. 야외 조각공원도 가볼 만하다. 빅토르 구티에레스(V. Gutierrez)의 푸른색 옷을 걸친 청동 여인상, 가톨릭과 인디오 종교가 혼합된 중남미 조각물들을 볼 수 있다. 관람 뒤에는 야외 스낵 레스토랑에서 멕시코 전통 음식 '타코'를 맛보자. (031-962-7171)

주변 맛집

보광사 근처에 사찰음식 전문점인 '산촌'(031-969-9865)이 있다. 오신채 및 인공 조미료를 전혀 넣지 않는다. 물김치, 산채 모듬 나물, 고사리, 두부, 찌개, 고소나물, 튀김류, 산촌잡채, 전 등으로 여러 음식이 나온다. 음식점 안은 고요하고 조용하며 많은 옛 물품들이 전시되어 있어 좋은 구경거리도 있다.

C A M P I N G

동해바다를 바라보며 즐긴다
강원 고성 송지호 오토캠핑장

송지호 해수욕장 근처에 자리하고 있다. 2007년 개장했다. 캠핑 사이트, 화장실, 취사장, 샤워장 시설도 잘 갖춰져 있고 관리 상태도 양호하다. 캠핑 사이트는 모두 90곳. 주차 공간 바로 옆에 텐트를 설치할 수 있도록 디자인되어 있다. 각 사이트마다 나무 탁자와 의자가 설치되어 있다. 캠핑장은 크게 4구역으로 나뉘어 있다. 1구역은 바다 쪽에, 2, 3구역은 캠핑장 가운데 잔디밭에, 4구역은 7번 국도변에 면해 있다. 대형 텐트를 설치한다면 3구역의 51~90번 자리가 좋다. 나무 데크가 없어 사이트를 꾸리기 용이하다. 7번 국도변에 자리 잡고 있어 아름다운 동해바다를 바라보며 캠핑을 즐길 수 있다는 것도 매력. 텐트를 치고 있노라면 동해의 청량한 파도소리가 입구까지 밀려오는 듯한 느낌을 받는다. 통나무집도 10동 마련되어 있다.

강원도 고성군 죽왕면 오봉리 169-2 / 033-680-3164 / camping.goseong.org
1회(09:00~18:00) 1만5,000원, 1일(익일 12:00까지) 2만5,000원 / 화장실, 취사장, 샤워장(온수 가능), 매점은 인근 마을 이용, 전기사용 불가 / 송지호 철새관망타워, 송지호 해수욕장, 거진항, 화진포 해수욕장

C A M P I N G

아이들과 함께 놀기 안성맞춤
경기 포천 유식물원 캠핑장

본래 아이리스 종을 중심으로 하는 테마 식물원을 캠핑장으로 재조성한 곳이어서 조경이 뛰어나고 다양한 볼거리와 놀거리가 갖추어져 있다. 총 100동의 오토캠핑장이 마련되어 있다. 일반 평지부터 숲속 캠핑장까지 종류가 다양하다. 모든 캠핑장비가 갖춰진 텐트도 20동 설치되어 있는데 캠핑을 처음 시작하는 사람들은 이곳에서 체험을 해보고 장비를 구입하는 것도 좋을 듯. 한적한 캠핑보다는 아이들의 놀거리를 위한 가족 캠핑장으로 더 어울릴 듯하다. 24시간 온수가 나오는 샤워실, 별도로 캠핑장 곳곳에 설치된 간이화장실 등 부

대시설도 훌륭하다. 무선인터넷도 사용할 수 있다.

경기도 포천시 신북면 삼정리 148번지 / 031-536-9922 / www.yoogarden.com
3만~5만 원 / 전기사용 가능 / 산정호수, 허브아일랜드

C A M P I N G

환상적인 낙조와 함께
경기 화성 해솔마을

경기도 화성군 서신면 바닷가에 자리 잡고 있다. 수도권 캠핑장 가운데 가장 인기 있는 곳 가운데 한 곳. 화성8경 중 하나인 환상적인 궁평 낙조를 볼 수 있다. 캠핑장은 식당 건물 오른쪽 아래로 이어진 길을 따라 내려가면 만나는 운동장에 조성되어 있다. 운동장 아무 곳에 사이트를 구축하면 된다. 대형 텐트와 리빙셀 조합으로 30동 이상은 칠 수 있을 정도로 여유 있다. 하지만 건조한 시기에는 먼지가 많이 날리는 단점이 있다는 것을 알아두자. 일찍 도착했다면 운동장 바로 옆의 솔숲에 자리를 잡는 것이 좋다. 소나무가 울창해 그늘이 깊고 먼지도 나지 않는다. 봄부터 가을까지 주말이면 캠퍼들이 몰려든다. 관리인이 사이트를 정리해주는데, 관리인의 지시에 따라 사이트를 구성하는 것이 좋다. 자리를 많이 차지했다면 텐트와 타프를 걷고 다시 쳐야 하는 경우도 발생할 수 있다. 전기 및 온수 사용이 가능하며 민박식당에서 판매하는 칼국수 맛도 일품이다.

경기도 화성시 서산면 백미리 산 107-4 / 011-9182-7110, 011-413-9341 / 1동 당 1만5,000원
화장실, 샤워장(온수 가능), 매점 / 전기사용 가능 / 궁평리 유원지, 궁평항, 제부도

C A M P I N G

공룡박물관이 있어 아이들이 좋아해요
경남 고성 상족암 오토캠핑장

상족암군립공원 내에 있다. 공룡박물관을 지으면서 캠핑장도 함께 조성했다. 캠핑장이 위치한 곳은 주차장 왼쪽. 한 번에 30팀 내외밖에 받지 못할 만큼 아담한 규모. 하지만 고

성군에서 박물관과 함께 캠핑장을 관리하기 때문에 시설은 깨끗하다. 오토캠핑 전용은 아니지만 주차장과 붙어 있어 크게 불편하지는 않다. 반면, 짐을 나르는 약간의 수고는 감수해야 할 듯. 캠핑 사이트는 텐트와 타프를 동시에 쳐도 좋을 만큼 넓다. 상족암 오토캠핑장은 국내에서 주목받는 공룡 발자국 화석 발굴지. 공룡박물관은 아이들의 학습에 좋을 만큼 다양한 전시물과 영화 등으로 꾸며져 있다. 캠핑장에서 100m 거리에 아담한 해변도 있어 여름철에는 해수욕도 겸할 수 있다.

경남 고성군 하이면 덕명리 85번지 / 055-832-9021 / 1일 4000원(1박2일의 경우 2일로 간주) / 화장실, 취사장, 샤워장(여름철만 개방), 매점, 전기사용 불가 / 공룡박물관, 창선대교, 연화산, 옥천사

C A M P I N G

신선한 숲 속 향기를 마신다
충남 서천 희리산 자연휴양림

희리산은 산 전체가 해송으로 가득 차 있다. 야영장 역시 해송 숲속에 들어서 있는데 사이트마다 나무 데크가 마련되어 있다. 3~4인용 텐트를 치기에 부족함이 없다. 데크 옆으로 넓은 공터가 펼쳐지는데 차가 야영장까지 진입할 수 있기 때문에 오토캠핑을 즐기기에도 무리가 없다. 국립휴양림답게 시설 관리도 수준급. 야영장 끝자락에는 몽골텐트촌이 조성되어 있으며 몽골텐트 앞에 물놀이장과 농구장, 배구장이 만들어져 있다. 샤워장과 취사장 등 편의시설도 정비가 잘 되어 있다. 야영장 앞으로는 맑은 희리산 계곡물이 흐른다. 아이들과 함께 간다면 무료 숲 해설 프로그램을 이용해보자. 전문가가 올바른 숲 탐방 및 체험 방법을 안내해준다. 당일 신청이 가능하다.

충남 서천군 종천면 산천리 산35-1 / 043-953-2230 / www.huyang.go.kr / huyang / heerisan / 입장료 어른 1,000원, 어린이 300원, 주차료 중소형 3,000원, 야영장 2,000원, 야영데크 4,000원, 몽골텐트 1만원 / 화장실, 취사장, 샤워장(몽골텐트 쪽은 온수 사용 가능), 매점, 전기사용 불가 / 춘장대해수욕장, 신성리 갈대밭, 중원고구려비

C A M P I N G

서해안의 매력적인 캠핑 장소
충남 태안 몽산포 오토캠핑장

태안 해안국립공원 내에 위치한다. 국립공원에서 관리하기 때문에 시설도 좋고 가격도 저렴하다. 서해안에서 캠핑을 즐기기에 가장 매력적인 곳이라고 해도 과언이 아니다. 몽산포 해수욕장 뒤로 20만 평에 가까운 광활한 솔밭이 펼쳐지는데 캠핑 사이트는 솔숲에 꾸릴 수 있다. 텐트와 타프를 이용해 대형 사이트를 설치하려면 소나무 간격을 잘 살피도록. 바다 쪽은 전망이 좋지만 바람이 많고, 다소 번잡하다는 것도 염두에 두자. 조용한 분위기를 원한다면 바다 쪽이 아닌 솔숲 안쪽에 사이트를 꾸리는 것이 좋다. 시설도 꽤 괜찮은 편이다. 캠핑장 가운데 샤워장 겸 화장실이 있다. 취사장과 급수시설도 넉넉하다. 전기 사용에도 큰 불편이 없는 편이다.

충남 태안군 남면 신장리 몽산포해수욕장 내 / 041-672-2971 / www.mongsanpo.or.kr /
주중 주말 관계없이 1만 원 / 화장실, 취사장, 샤워장, 매점, 전기사용 가능(5,000원) /
안면도, 꽃지 해수욕장, 궁평항, 간월암

C A M P I N G

규모가 커서 넉넉하게 즐긴다
전북 무주 덕유대야영장

백련사로 드는 구천동계곡에 자리한 덕유대야영장은 이름에 '대'자가 들어간 것처럼 규모가 크다. 오토캠핑장과 일반 야영장으로 나뉘어져 있는데, 오토캠핑장은 캠핑 사이트에 주차를 할 수 있게 시설을 만들었다. 또 전기를 사용할 수 있는 시설도 추가했고, 장작을 파는 등 캠퍼들의 요구를 적극적으로 수용하려 했다. 구획이 정리되어 있지만 바닥이 다소 울퉁불퉁하다. 타프와 리빙쉘을 동시에 설치할 경우 고민을 해야 된다. 일반 야영장은 오토캠핑장에서 조금 더 올라간 비탈에 조성되어 있다. 차는 주차장에 세워야 한다. 규모면에서는 일반 야영장이 훨씬 크다. 주차공간을 잘만 활용하면 오토캠핑장 이상의 공간과 편리성을 얻을 수 있다. 베스트 사이트는 E-6, D-4, D-10. 취사장과 계곡 사이에

위치해 어디로나 접근성이 뛰어나다. 숲이 좋아 타프 없이도 그늘을 얻을 수 있다.

전북 무주군 설천면 삼공리 411-8 / 063-322-3374 / 야영장 1,200~2,700원, 오토캠핑장 9,000~1만4,000원. 주차료 5,000원 / 화장실, 취사장, 샤워장, 매점, 전기사용 가능 / 백련사, 나제통문, 무주리조트, 덕유산곤돌라, 적상산안국사, 칠연폭포

C A M P I N G

전형적인 계곡형 캠핑장
전북 장수 방화동 가족휴양촌

장안산 자락에 위치한 방화동 가족휴양촌은 전형적인 계곡형 캠핑장이다. 겹겹이 산으로 둘러싸인 깊은 계곡에 자리했다. 휴양촌 중심에 자리한 오토캠핑장은 반원형으로 조성됐는데 텐트와 타프를 연결해도 넉넉할 만큼 사이트가 넓다. 주차공간도 차 2대를 동시에 댈 수 있을 만큼 크다. 다목적 운동장과 자연휴양림 내에도 일반 야영장이 널려 있다. 이곳 모두에 텐트를 친다면 300동 이상도 가능하다. 화장실에서 끌어다 쓰는 전기에 대해 별도의 사용료도 부과하지 않는다. 사이트를 최대한 넓게 활용하려면 캠핑장 한가운데의 잔디밭이 좋다.

전북 장수군 번암면 사암리 625 / 063-353-0855 / www.jangsuhuyang.kr / 입장료 1,000~2,000원, 야영료 소형 5,000원, 대형 1만 원 / 화장실, 취사장, 샤워장, 매점, 전기사용 가능 / 봉화산, 장안산, 논개생가, 장수온천

C A M P I N G

땅끝에서 즐기는 캠핑의 맛
전남 해남 땅끝 오토캠핑 리조트

2008년 7월 해남군에서 조성했다. 최근 조성되는 캠핑장의 추세를 그대로 따르고 있다. 독립된 텐트 사이트와 온수가 나오는 샤워장, 화장실, 캐러밴을 이용한 숙박시설 등 캠퍼가 원하는 모든 시설이 완벽하게 구비됐다. 캠핑장은 텐트와 캠핑카 사이트로 나뉘는데 텐트 사이트는 주차장과 텐트, 테이블로 구성되어 있다. 텐트를 칠 공간이 비좁은 게 흠

이다. 3~4인용 텐트 하나면 사이트가 꽉 찬다. 리빙쉘이나 타프를 치려면 묘안을 짜내야 한다. 캠핑장 앞에 있는 솔숲을 활용해야 할 듯. 캠핑장 앞은 송지호해수욕장이다. 밤이 되면 파도소리가 텐트 앞까지 밀려온다. 캠핑장에 머물며 해변을 산책하거나 조개를 줍거나, 혹은 일몰을 보내며 소일 할 수 있다.

전남 해남군 송지면 송호리 산14-1 / 061-530-5258,5544 / 텐트 1동 평일 1만5,000원, 주중 2만 원 / 화장실, 취사장, 샤워장(온수 가능), 매점 없음, 전기(화장실에서 릴선 이용) / 땅끝마을, 송지호해수욕장, 미황사, 대흥사, 녹우당

국립중앙도서관 출판시도서목록(CIP)

오케이 가족캠핑 / 안영숙, 이수진 지음. -- 고양 : 위즈덤하우스, 2012
p. ; cm

ISBN 978-89-98010-05-8 13980 : ₩15000

캠핑[camping]

699.2-KDC5
796.54-DDC21 CIP2012004161

초판 1쇄 발행 2012년 9월 20일
초판 4쇄 발행 2013년 12월 5일

지은이 안영숙 · 이수진 기획 최갑수
펴낸이 연준혁

출판 1분사 분사장 최혜진
제작 이재승 디자인 고은이

펴낸곳 (주)위즈덤하우스 출판등록 2000년 5월 23일 제13-1071호
주소 (410-380) 경기도 고양시 일산동구 장항동 846번지 센트럴프라자 6층
전화 (031)936-4000 팩스 (031)903-3895
홈페이지 www.wisdomhouse.co.kr 전자우편 wisdom1@wisdomhouse.co.kr
종이 월드페이퍼 인쇄·제본 (주)현문

값 15,000원 © 안영숙·이수진 2012 ISBN 978-89-98010-05-8 13980

출발 전 점검하는 캠핑장비 꼼꼼체크 리스트

나름 열심히 준비하고 챙겨도, 늘 하나쯤은 빠뜨리게 돼요.
아래와 같은 체크리스트 표를 만들어서 캠핑 전날 꼼꼼히 점검해보도록 합시다.

Camping theme		
날짜		
장소		
참여 인원		
Check point		
장비	메인 필수	서브 선택
텐트	이너텐트 □ 이너룸 □ 그라운드시트 □ 방수포 □ 이너매트 □ 발포매트 □	루프, 터널, 투명창
타프	윈드스크린 □ 매쉬 □	
공구가방	팩 □ 스토퍼 □ 로프 □ 망치 □ 삽 □ 카라비너 □ 장갑 □	도끼, 톱, 시멘트못
스토브	원버너 스토브 □ 투버너 스토브 □	
랜턴	가스 랜턴 □ 가솔린 랜턴 □ 전지 랜턴 □ 작업등 □ 랜턴 걸이 □ 랜턴 스탠드 □ 파일드라이버 □ 릴선 □ 기타 휴대용 랜턴 □	헤드랜턴
연료	가스 □ 가솔린 □ 건전지 □ 충전기 □ 연료가방(여분의 심지, 깔때기/라이터, 면장갑) □	
테이블	IGT □ 폴딩테이블 □ 미니테이블 □	테이블보, 고정클립
키친테이블	스토브 거치대 □	폴더블셰프(수납장)
의자	럭셔리 □ 일반형 □ 미니 □ 그라운드 □ 바비큐 □ 벤치형 □ 코트 □	의자 커버
화로세트	토치 □ 숯집게 □ 화로장갑 □ 바비큐 브러쉬 □	화로삽, 부채, 차콜스 파이어스타터 바비큐팬

더치오븐과 그릴	더치오븐 ☐ 마이크로더치 ☐ 바비큐그릴 ☐ 차콜 ☐ 차콜스타터 ☐ 삼각대 ☐ 오덕 ☐ 기름받이 ☐ 바비큐 양념 ☐ 바비큐 툴세트 ☐	
침낭&침구	머미형 ☐ 사각형 ☐ 전기요(간절기 or 겨울) ☐ 베개 ☐	담요, 무릎담요
코펠	스텐리스 ☐ 세라믹 ☐ 연질 ☐ 경질 ☐ 주전자 ☐ 프라이팬 ☐	
키친가방	식기세트 ☐ 컵과 수저 ☐ 칼도마 ☐ 키친툴세트 ☐ 가위 ☐ 집게 ☐ 실리콘붓 ☐ 냄비받침 ☐ 양념통세트(고춧가루, 간장, 국간장, 참기름, 후추, 깨, 허브 등) ☐ 앞치마 ☐ 고무장갑 ☐ 행주 ☐ 키친타월 ☐ 비닐팩 ☐ 설거지가방 ☐ 수세미 ☐ 세제 ☐ 건조망 ☐	
쿨러	아이스팩 ☐	쿨러스탠더
기타	세면도구 ☐ 비상약 ☐ 모기약 ☐ 선크림 ☐ 휴지 ☐ 물티슈 ☐ 모자 ☐ 비옷 ☐ 난로 ☐	쓰레기봉투걸이, 해먹

NOTE